相信閱讀

Believing in Reading

贏家智慧

——從科技產業看新世紀管理典範

黃河明／著

財經企管 CB418

目　錄

|推薦序|
新時代中的經營典範

司徒達賢

每個時代的策略思維與管理方法都深受當時經營環境的影響，因此經營環境變遷會不斷造成經營管理典範的突破與轉移。歷史上，從工業革命帶來的大規模生產與人口遷移、消費市場購買力的普遍提升、國際間的產銷分工，以及全球市場的興起，這些經營環境的改變，都為當時的經營管理帶來新的挑戰，改變了經營管理的觀念，也提升了經營管理內涵的深度與廣度。時至今日，此一基本原則依然如此，然而由於外界環境變化過於迅速，無論對實務界或學術界，都有目不暇給，難以應付的感覺。

報章雜誌或各種專書經常介紹世界上科技創新、管理突破，甚至產業中各種遊戲規則、經營模式的演變。然而大部分的報導都略嫌片斷，加上各種趨勢或做法的起伏興衰極為無常，使得讀者難以窺得全貌，無法形成完整、有系統的理解。再者，國外出版品內容固然豐富，但極少論及這些趨勢變遷與台灣的關聯，因而也不易引發我們的切身感。

悅智全球顧問公司董事長黃河明博士的這本《贏家智慧——從科技產業看新世紀管理典範》正是彌補我們這些遺憾的最佳讀物。

本書有幾項特色：

特色之一是議題廣博。作者以精準簡潔的文字，將近十年來世界上所討論的經營環境與經營模式中的觀念，從經營策略、技術創新，一直到品牌經營與公司治理等各項議題，以及彼此間的動態關係，進行了完整的介紹。可以使讀者很快掌握這些大趨勢的全貌。

特色之二是與本土的關聯。本書指出各種議題與台灣企業的關聯，並以台灣企業的實例，歸納出這些趨勢或做法對我們的含意。對身處此一複雜多變環境中的企業經營者，極富參考價值。

特色之三是本書處處表現出作者因本身對這個時代的多方參與，而產生的獨到見解。這些獨到而極富創意的觀點，除了基於作者廣博的學識基礎之外，也與他這二十年來擔任台灣惠普公司董事長、資策會董事長，以及深入而廣泛的顧問諮詢工作密切相關。有了這些接觸面的廣度，加上他的處處用心，使本書與一般純學者從文獻分析中所獲致的論述，頗不相同。讀者可以從本書的字裡行間，充分體會到此一特色。

黃董事長與我相識相交已超過半個世紀。五十幾年來，他的學習精神、領導魅力，以及誠正待人、處處與人為善的行事風格，一直是我深感敬佩的。他能在忙碌的工作生活中，投入大量寫作心力，分享他的寶貴經驗與智慧，十分了不起。我在讀過本書的初稿之後，感到收穫良多，極有啟發，因此也藉此序為大家推薦。

（作者為政大企研所教授兼財團法人商業發展研究院董事長）

｜推薦序｜

創新變革：沒有終點的超級馬拉松

吳重雨

「撞牆期」（Hit the Wall）是運動學中的一個名稱，通常發生在運動過程中，尤其是馬拉松長跑到30公里時，身體機能認為運動量已經達到設定為無法繼續負荷的極限，所以呼吸變得困難、肌肉緊張而僵硬，意識感到不清晰。然而，若是經過適當的導引及步伐調整，超越了撞牆期，身體各方面都再度配合，就會輕鬆起來，進入另一個層次。

企業，也會遭遇撞牆期，如果不能適應變革，調整步伐，光芒四射的新星也可能隕落，而追求永續經營的企業，更艱難的挑戰是在一個沒有終點的競賽場上展開。在《贏家智慧》這本書的第四章，就為我們列舉種種實際的數據。荷蘭的殼牌石油在1970年代做過一個大規模調查，發現企業的平均壽命只有12年，即使名列《財星》500大的公司，平均壽命也只有四十年。若以快速發展的電腦產業來看，改變更是驚人，1975年世界上依營收排行的十大電腦公司，到了1996年只有IBM和迪吉多（Digital）兩家公司存在，時至今日，只有IBM碩果僅存。究竟企業要如何順應時代求新求變，尤其是高科技公司怎樣度過撞牆期，開拓新的天地？黃河明董事長這本著作，宛如一本巨細靡遺的導引，讓企業經營者和中高階主管瞭解新世紀經營典範的轉移，進而掌握創新轉型的實行祕訣。

從第一章整體科技產業的公司跨世紀轉折剖析，到第二章結合經驗與觀察勾勒出來的經營典範移轉，繼而旁徵博引案例和經營管理論著所發展出：策略創新與實現、組織與領導、技術預測與發明、品牌與行銷、企業社會責任，以及對未來的展望等，更讓我得窺黃董事長豐厚學養與實戰經驗之一隅。

贏家的關鍵字

第二章中所描繪的經營典範轉移，從中心「核心機能」出發，配合「環境掃瞄」、「啟動變革」、「行動學習」和「轉型創新」的不間斷循環，進而達成新的管理模式和知識經濟體質，讓人才發揮最佳能力。

其中談到，由於環境變化快，現代企業必須設置類似雷達的機制，不停地掃瞄周遭影響企業的環境、顧客需求演變、以及競爭對手策略時，黃董事長特地舉他所喜愛的《三國演義》中諸葛孔明的先知先覺，及武俠電影中的盲劍客，憑藉修練及獨有聽力培養出敏銳反應和果決行動，來說明「環境掃瞄」，尤其令人有會心的感受。這樣精彩的譬喻，以及深入淺出的例子：比方說諾基亞（Nokia）如何從造紙橡膠製品的傳統百年老店轉型至無線通信龍頭之一；英特爾所創造的高科技產業中最成功的品牌打造計畫「Intel Inside」；從1984年聯合碳化印度波帕殺蟲劑廠毒氣外洩，到中國三鹿奶粉的社會責任與危機處理等，在本書中俯拾皆是。

創新力就是迎戰力

每個人都知道現在是一個新競爭的時代，但怎樣保持企業內外的合作與互動關係，不遺漏任何前瞻重要的研究方向與技術？誠如黃董事長在書中一再強調的觀點，「企業是一種社會創新」，在本書中，他以多年國際企業的經營管理經驗與觀點，為我們舉出六家位於高科技中心矽谷，最具開放式創新精神的企業成功典範，分析他們的特點及共同之處，在不景氣及危機中如何變革求新、安度難關，建立長遠的優勢，做為台灣面對全球化競爭的參考借鏡。同時也一再提醒讀者：「小決定可以撼動大策略」。

書中更建議以大學做為知識創新來源，也就是企業與研究機構合作的重要性。黃董事長的母校交通大學，將與麻省理工學院（MIT）進行合作，引進MIT實驗室的做法，進行產學合作的「鑽石計畫」，積極運用政府和企業界資源，進行合作，將學校實驗室的研究成果應用在市場上，不僅可以為大學帶來發展所需的資源，更能使學術研究為民生經濟帶來長遠而有益的影響。

「學」習發「問」

身為學術研究人員，又擔任學校經營管理者，我特別受教於書中的一句話：「主管的『學問』就在『學』習發『問』」。虛心聆聽意見，向部屬和外界請教，才能建立學習型組織。

書中有兩個與「做學習」相關的例子，讓我印象深刻。一是在資策會董事長任內，台灣微軟邀請全球各地的意見領袖，徵詢微軟改善的建議，黃董事長為他們的態度和準備所感動，接受了訪談。過了兩、三個禮拜，微軟又打電話來，希望就第一次訪談中的一部分議題再來請教，做為高層參考。顧客的想法，成為創意的來源，我相信這樣積極認真的提問與聆聽，是因應變革的方法之一。

另一個例子則是黃董事長在惠普擔任總經理時曾應總公司之邀，到日本、韓國和新加坡進行幾個營運部門的稽核，在三個整天的稽核過程中，他給經營團隊的前幾個問題，一定會包括：「請問你們的主要市場是什麼？」、「請問你們最大的十家顧客是誰？」、「請問你們帶給顧客的價值是什麼？」。誠如管理大師杜拉克著名的「杜拉克式問句」，問對問題，就能深入核心，解決問題。

2008年交大在台建校50週年，選出了五十位最具影響力與代表性的校友，黃河明董事長也是其中之一。他所創辦的悅智全球顧問公司提供企業全球佈局與經營的建議。古諺說：「以古為鏡，可以知興替；以人為鏡，可以明得失」，很高興能夠看到黃董事長願意在百忙中費心整理出高科技公司的興衰並加以剖析，同時將多年來的個人體悟與企業諮詢經驗，讓我和眾多讀者可以從中學習。

這篇文字與其說是序言，不如說是我有此榮幸能在此書面世之前，先睹為快，並把個人的讀書心得與大家共享，期待也確信各位讀者會跟我一樣從中得到閱讀的樂趣與勝出的領悟。

（作者為國立交通大學校長）

|自　序|

面對改變中的世界

2001年9月11日，我與幾位台灣科技界的領導人搭乘聯合航空班機由台北飛往舊金山，我們一行六人準備在矽谷停留四天，拜訪當地高科技公司，然後轉往波士頓參加中美經濟合作會議。飛機如往常平順地飛越太平洋，我和團員都享受了美好的餐點和睡眠。我一路睡得很沉，一直到空服員準備早餐的聲音吵醒了我，才發現陽光已經照進窗戶。我起來梳洗整理，享用了早餐，正等待飛機的降落。

當飛機緩緩下降，旅客開始整理個人東西時，我往窗外望去，已經開始看到陸地。令我好奇而納悶的是，飛機下方竟是一片漂亮的高爾夫球場，這是我過去二十多年降落舊金山機場從未看過的景象，心裡正覺得奇怪。等到飛機安全落地，在滑行道滑行時機長才廣播，宣布美國發生了緊急事故，我們的飛機暫時無法進入美國的國境，改降落在加拿大的溫哥華。這時溫哥華時間接近早上八點，所有的旅客都不知道發生了什麼事，議論紛紛，機長只給我們簡短的說明，告訴我們可能必須在溫哥華辦理落地簽證，暫時留在加拿大，而且必須在停機坪等候加拿大警方登機檢查後，才允許下機。

利用等待的空檔，許多旅客紛紛打手機與家人連絡，告知這個突然的改變。透過台灣的家人，我和團員才知道紐約和華盛頓發生了驚人的恐怖攻擊。由於那時美國警方和安全單位擔心會有進一步的攻擊，也有傳言尚有恐怖份子在其他飛機上，為防患未然，美國將領空全部淨空，同時聯絡各國機場緊急戒備，我們的班機停靠空橋約二十分鐘後警方到達，旅客逐一接受嚴密搜身，如臨大敵。除了我們這班飛機外，沒有多久，許多波音747巨無霸飛機陸續降落，一時之間溫哥華機場的停機坪停滿了各地來的班機。

入境後，我們到航空公司安排的旅館，大銀幕的電視正在重播CNN稍早的新聞畫面，大家看到飛機直接衝入世貿大樓的一幕，一方面驚呼不可思議；另一方面則慶幸自己的班機安然無恙。九一一的恐怖攻擊不只給美國人一個震撼，全世界都為之震驚，人心惶惶，證券市場大跌。冷戰之後，原以為世界局勢會日趨和平，沒想到回教世界與西方的衝突升高，造成恐怖攻擊頻繁和幾年後的美伊戰爭。回教恐怖組織以載滿汽油的飛機衝進象徵資本主義的世貿雙子星大樓，是否成為工業社會即將走到盡頭的先兆有待歷史見證，不過最近兩、三年全球金融風暴確實代表了以資本投機的嚴重後果。我們赴美的行程後來基於安全的理由全部取消，團員在溫哥華待了幾天，等到機場重新恢復起降，有些團員改往他地，其他人則飛回台灣。

以全新視野面對改變的世界

2001年，也是台灣經濟面臨嚴峻考驗的一年。台灣一直以經濟快速成長為傲，在上世紀的最後三十年，每年GDP平均成長率接近9%，是許多開發中國家的典範。但是2001年經濟不但沒有成長，反而衰退了百分之一點多，這是台灣有經濟成長率統計以來首次出現負成長，引起廣泛的注意與關切。台灣經濟衰退一部分原因是受到全球經濟不景氣和網路泡沫化影響；另一方面也反映了製造業大批外移、產業結構失衡的困境。基本上台灣漸漸失去傳統製造業的優勢，必須朝高附加價值的產業發展，但是人才和政策並未能及時支持這種轉變，讓台灣陷入了轉型期調適不良的困境。

過去這兩年，全球又陷入另一場巨大的動盪，2007年起，由美國次級房貸引發的全球金融危機，終於在2008年9月暴發，美國政府被迫要接管虧損嚴重的房貸保險公司房地美和房利美，以及紓困挽救美國最大的保險公司美國國際集團（AIG）。對於雷曼兄弟因為連動債造成巨大黑洞則決定放棄紓困，因而這家超過一百年歷史的投資銀行難逃倒閉的命運。全球金融危機引起的恐慌，造成消費者信心潰散和經濟的蕭條，其嚴重程度為1930年代以來首見，美國、歐洲和日本三大經濟體2009年將同時出現衰退，聯合國預計到年底全球將有五千萬人失業。台灣的經濟十分依賴出口，在這次風暴中受創嚴重，2009年第一季出口貿易衰退36%，GDP比2008年同期萎縮了10.2%，為台灣有經濟統計以來最嚴重的衰退。

世界變了，新世紀的世界已經展現完全不同的面貌，我們必須拋棄過去熟悉的事物和法則，以全新的觀念和視野來面對新環境。企業和組織有必要重新思考新的應變之道，積極啟動變革轉型。在跨世紀的前後幾年，我觀察到全球高科技公司紛紛啟動變革，以適應新環境，其中IBM、惠普（HP）、聯想（Lenovo）、宏碁（Acer）、三星（Samsung）、諾基亞（Nokia）等公司推動了成功的改革，浴火重生。但是在成功的轉型改革典範之外，我也親眼看到迪吉多（DEC）、康柏（Compaq）、朗訊（Lucent）、柯達（Kodak）等公司或因未能及早啟動改革而錯失良機，或因改革失敗而快速隕落。本書選擇科技產業做為例子，一方面是因為我熟悉和了解科技行業，另一方面科技公司是高知識密集的組織，由它們的優勝劣敗和因應策略可以一窺知識型組織的管理要素。

科學化管理面臨挑戰

科學化管理起源於上個世紀轉換之際，經過泰勒（Frederick Winslow Taylor, 1856～1915）先生和幾位實業家的研究，開啟了工廠的科學化管理。管理學真正有系統地成為一門學問，應該是哈佛大學邀請泰勒到校演講開始，時間在1905年前後，他的工廠動作研究和按件計酬的建議在當時成為一種新思潮。1908年哈佛大學設立商學院，成為日後管理思想的重要推動者。巧合的是另一所最古老的商學院華頓學院也在同年創設研究所，開展了經營管理方面的學術研究。我們如果以哈佛商學院和華頓商學研究所設立那一年為管理學的起源，2008年恰好滿一百年。這一百年來，管理學對人類的貢獻以及受到人們的重視實在難以估算，不僅推動了二十世紀重大的進步，改善了無數人的生活，也幫助了企業的茁壯。

但是，發源於一百年前，主要為改善工廠生產力的科學管理，似乎也無法再適用於快速轉變的新世界，目前正好也面臨一個往前瞻望，提出新理想的時機點。過去將近二十年，我們從世界轉變和企業轉型，可以明顯地觀察到企業的經營管理已經進入一個急遽變動的時代。這次快速的環境變動可以追溯到二十年前，1989年開始，世界的改變明顯加快，柏林圍牆倒塌所造成的冷戰結束固然是改變世界的一大導火線，同一年核子物理學會支持通過的全球資訊網WWW（World Wide Web）也造成了革命性的影響。先進工業國的跨國企業積極結合全球資源，創造出一個全新的全球知識社會，影響至為巨大深遠，其變化猶如一百五十年前農業社會進入工業社會一般。任何國家或社會若未能掌握這波改變，勢必隨著浪潮而淹沒或式微。當然，還有一個重要而嚴肅的議題是企業的社會責任，今天許多國家和地區過分強調自由經濟的發展，造成了許多嚴重的問題：包括貧富不均、環境汙染、氣候暖化等，企業應該重視經濟發展對於社會的衝擊，積極負起全球社會公民的角色。

寫給企業的未來發展藍圖

科技公司在這波變化中受到的衝擊很大，資訊、電子、半導體、通訊等產業都出現了快速的變動，經營者面臨了空前的壓力。我在惠普科技公司工作二十三年，親身體驗到這個經濟上的劇烈變化，後來在資策會擔任董事長的三年任期間又參與產業、科技、經濟和國家發展的討論，讓我更加關心企業在新的世紀裡如何適應和生存。

本書的主要目的在檢視跨世紀科技公司的策略轉折，探討變動時代的經營智慧；特別是面臨困境的企業，如何調整經營的方向和策略才能屹立不搖。我希望以前瞻的眼光、全球的視野剖析企業的變革和創新，針對知識社會的新現象，嘗試提出企業未來的發展藍圖做為組織轉型的參考，提供企業高階主管和專業人士一些管理的新觀點與改革參考。

1

科技公司跨世紀轉折

進入21世紀，歷經網路泡沫、全球金融海嘯，世局多變令人難以預料。

從企業併購到變革、轉型，從專屬系統到開放、分享，

面對產業掀起的龍捲風暴，你準備好了嗎？

九一一恐怖攻擊活動造成全世界的震驚，美國如此強大的國家，居然無法確保自己國土的安全，象徵金融帝國的世界貿易大樓遭受攻擊而化為灰燼，確實令人難以置信。全世界許多舊思維隨著世紀交替而過時，新的挑戰正考驗著人類。企業面臨不同的世界，如果沒有足夠的應變能力，往往無法調適。過去幾年間，大企業的併購、破產和虧損時有所聞，執行長的折損率也達到歷史性的高峰。台灣在世紀交替之際，發生了第一次的政黨輪替，也成了華人世界落實民主的先鋒地區。民主的落實雖然使台灣進入真正民主國家之林，但是民進黨八年的執政令全民失望，經濟發展方面尤其差勁，因此2008年人民又用選票將政權交給馬英九和國民黨團隊。

世局的多變令人難以預料，經濟和產業也動盪不安，本世紀一開始經濟方面就先歷經網路泡沫引起的衰退，後來雖短暫恢復成長，沒多久又陷入了美國次級房貸引起的全球金融風暴，信用緊縮、消費者信心大跌，各國政府被迫祭出各種非常手段，以挽救危急的情勢，企業經營面臨前景不明的環境。

歐巴馬改寫歷史

撰寫本書之時，美國正在進行總統大選，首先上演的是兩黨的初選，最令人矚目的當然是歐巴馬（Barack Obama）和希拉蕊（Hilary Rodham Clinton）的拉鋸戰，扣人心弦。一年前歐巴馬還是一個鮮為人知的參議員，由於具有非裔血統，政治歷練又遠不及希拉蕊，大家普遍並不看好，沒想到他善用美國民眾求變的心態，同時較為年輕有活力、擅於拉攏年輕選民，演講又具魅力，因而贏得最後的勝利。在選舉經費籌募上，不熟悉全國性選舉募款運作的歐巴馬，藉由網路和手機的宣傳，募款總額甚至大幅超越希拉蕊，最後在全球的驚嘆聲中當上民主黨總統候選人。接著下來的幾週，歐巴馬到處演講拜票，他以「改變」為選戰的主軸，充分掌握美國選民渴望求變的心聲，所到之處，掀起聽眾的熱情支持，造成一股歐巴馬旋風。

2008年11月4日，美國人終於用選票改變了他們的歷史，歐巴馬擊敗共和黨候選人麥坎（John McCain），是美國歷史上具開創性的新里程碑。在二十年前，絕對不會有人相信一位非洲裔的參選人能夠成為美國的總統，歐巴馬能夠以壓倒性的多數贏得大選，代表美國人的價值觀和期望有了戲劇化的轉變。

金融風暴席捲全球

不只政治發展充滿驚奇和意外，同樣令人驚訝的意外也發生在經濟和產業的演變。

開始於2007年的美國次級房貸風暴愈演愈烈，到2008年9月甚至引發全球的信用緊縮和金融危機，產業的經營環境處處充滿著新的危機。著名的公司如雷曼兄弟宣布倒閉，花旗銀行和美國三大汽車廠等焦急地等待政府的紓困，歐洲和日本許多知名的大銀行和大企業也出現嚴重虧損，甚至亟需政府協助或接管，以度過難關，時局之演變和發展實在難以預料。

台灣的經濟高度依賴出口，受到這波景氣急凍的衝擊，2008年第四季GDP較上年急速衰退8%，前所未見。主計處估計GDP將連續五季衰退，2009年的衰退將達4.2%；根據海關的統計，台灣2009年第一季的出口金額比上年同期巨幅滑落36%左右。高科技公司在這波劇變中，有不少公司因此沒落沉淪，環境考驗著每一家企業的體質和應變策略，決策的優劣和執行的績效不只影響未來的發展，很可能也是生死存亡的關鍵。以電腦產業而言，其實更早之前就已出現劇烈的洗牌現象。

電腦產業刮起龍捲風

電腦產業在新世紀開啟之際就出現了劇烈的變化。2001年9月初，惠普宣布併購康柏，這是有史以來電腦產業金額最高的併購案，也是爭議性極高的一個決定。宣布當天，惠普股價大跌18%，市值縮水超過60億美元；過了幾天，發生了驚天動地的九一一恐怖攻擊，惠普、康柏的股價再度應聲倒地，使得原本就備受質疑的併購決策更顯得是一大錯誤。接下來的幾個月，惠普的經營團隊和創辦人家族成員歷經了一場前所未有的爭鬥，美國媒體把這場惡鬥看成是一齣肥皂劇。惠普的執行長菲奧莉娜（Carly Fiorina）雖然以過人的膽識與毅力贏得股東投票的勝利，卻因後續的好幾季無法達成預期的併購成效，於2005年初被迫離職。接任惠普執行長的賀德（Mark Hurd），作風與菲奧莉娜非常不同，卻能帶領惠普突破困境、轉危為安。現在惠普又併購EDS，營收超越IBM，成為全球最大的資訊公司，惠普驚濤駭浪的變革過程蘊含了現代企業經營的豐富研究題材。

2001年引起廣泛注意的還有一個消息，IBM宣布要退出零售PC的業務，也就是消費者的PC市場。IBM是個人電腦規格的主要制定者，藉由IBM PC的成功，相容的個人電腦才得以蓬勃發展。沒想到正因個人電腦規格的標準化，投入的競爭者很多，反而迫使IBM逐漸撤出消費者市場。IBM在1990年代初期歷經危機和變革，董事長兼執行長艾克斯（John Akers）被迫離職，由外面聘請的CEO葛斯納（Lou Gerstner, Jr.）領軍，積極改變，他強調重視顧客的需求，以電子企業的新藍圖成功轉型，讓IBM恢復往日的光榮，在功成身退後他寫了一本暢銷書《誰說大象不會跳舞》，強調產業中的大象也能跳舞。

IBM退出個人電腦市場

葛斯納退休後，新上任的執行長帕米沙諾（Samuel J. Palmisano）毅然決定放棄不容易獲利的消費者PC事業。這個消息衝擊到原來替IBM代工生產的廠商，台灣的宏碁就首當其衝，因為他們的生產中很大部分是為IBM代工。這個決定引發了宏碁的重大危機，不但出現好幾季的虧損，還不得不啟動後來的分家和重組。宏碁的對策是將品牌和代工事業切割，宏碁本身專注於品牌的耕耘，不再以製造為核心活動；切割出去的緯創則成為專業代工廠。歷經兩、三年的整頓，宏碁成功地轉虧為盈，個人電腦的銷售節節上升。

2004年底，另一個跌破眾人眼鏡的消息在媒體出現：「IBM將個人電腦部門整個讓售給中國大陸的聯想。」在當年7月，IBM執行長帕米沙諾便為了此事專程前往北京，就這件出售案與中國大陸官方高層會面，說服他們同意這項交易。IBM以出售PC部門的做法，支持中國工業政策，換取往後在中國大型電腦系統的合作。聯想當時的總裁柳傳志說：「我們從IBM個人電腦的交易中獲得的最大資產將是一個世界級的經營團隊，和其廣泛的國際經驗。」

聯想的創業成功是一項奇蹟。1984年11月1日柳傳志等十一名科技人員，以20萬元人民幣起家，創辦了中國科學院計算技術研究所新技術發展公司，後來快速成長，並改名為「聯想」。1990年聯想獲得生產電腦許可證，在北京建立自己的第一條生產線，從代理產品朝向生產自己品牌的產品轉變。聯想以電腦的民族工業發展為矢志，成功地建立了中國最大的電腦集團。買下IBM個人電腦事業部門是中國大陸企業一項成功的併購和策略合作，藉由和IBM的結盟，聯想登上了世界級的舞台。過去很少有人會想到這種結合的可能，也很少人相信這樣的競爭雙方的結合能夠成功。

一閃而過的彗星

許多原本是產業佼佼者的公司，經常因為環境演變而失去市場立足之地。電腦產業中，王安（Wang）、迪吉多和康柏都如一閃而過的彗星，令人嘆息。企業的使命必須隨著環境調整，才不至於消失在時代的洪流裡。但是已經成功的公司要改革創新，談何容易。上述幾家公司都曾經在市場上居於領導品牌的地位，可惜也因為安於成功而未能及早採取必要的改革。成功的企業若非像英特爾（Intel）當年斷然放棄記憶體事業，破釜沉舟，轉而研發生產微處理器，恐怕也無法扭轉急劇的變動。

領導者必須在必要時放棄原有的思維，及時轉型。有一次，安捷倫公司為了要進行變革，總裁叫人做了一個招牌打上該公司的名稱，再用一把大斧頭把招牌打破，象徵完全揮別過去，尋找新的方向與使命。由於有許多新事物要推展，所以不論是主管或員工都需要強化創造力，並靠好的構想與不斷的嘗試來創造新機會。創新和創業精神目前廣受企業重視，企業期望透過內部創業為企業注入新的活力。

世界的確變得非常不同了，我們必須有全新的思維，過去賴以成功的公式再也不能適用於新世紀。過去認為不可能的策略現在卻能實現，由於這些大膽的策略，企業改變了視野和版圖。

宏碁勇於變革

過去二十年台商雖努力在全球各地嘗試建立自有品牌和通路據點，但僅有少數領先品牌能建立基本的規模。其中較為成功的只有宏碁，其他公司最後都以委託代工（OEM）和委託設計（ODM）製造為主，因此當市場變化時，台灣的代工廠無法掌控顧客端的動態，落入微利的情境。

即使宏碁積極推廣自有品牌，業務中仍有一大部分營收來自IBM等代工訂單，2001年當IBM決定放棄零售PC的業務時，宏碁除了裁員因應，立即著手進行集團的重組再造，將代工業務切割，另外成立緯創專注於代工。而宏碁本身則不再以製造為核心事業，新的事業將以提供電子服務（e-Service）為主，並提出「微巨」服務的發展藍圖。其中「巨架構」指提供企業或消費者所需的資訊和網路基礎建設，「微服務」則指給企業或消費者無微不至的服務。施振榮將宏碁董事長的棒子交給王振堂，又出人意外地僱用義大利籍主管蘭奇為執行長，蘭奇率領全球團隊成功地拓展筆記電腦的市場，經過幾年來的勵精圖治，並且併購捷威電腦，2007年成為全球第三大的PC品牌。宏碁快速轉型，以因應產業環境的改變，因而可以突破困境，再展雄風。

專屬電腦系統淘汰出局

當產業受到外在環境影響，特別是顧客期望改變的影響時，產業結構和遊戲規則就可能出現重大變化。研究產業策略創新的哈佛商學院教授克里斯汀生（Clayton Christensen）就曾將破壞性創新的形成和影響，列為企業重要的議題，以電腦產業為例，開放的架構促成了近二十年產業劇烈的變化。電腦產業的架構趨向標準化和開放後，原有專屬電腦系統的經營模式就受到嚴峻的考驗，新興的公司淘汰了舊有的在位者，以前市場大宗的迷你電腦都是賣給組織或企業為主，它本身必須開發許多軟體來使用。因為開發、更換軟體的成本高昂，一個企業的硬體設備也許只值1,000

萬美元，但是相關軟體可能已經投資5,000萬美元，萬一要更新，企業必須耗費很大的成本，一般來說很難輕易改變。所以，剛開始很多顧客難以轉換系統，讓專屬系統的電腦公司因而繼續保有一些原有的顧客。只是他們沒想到，情勢的改變就像翹翹板，當市場演變到了一個臨界點的時候，一下子就翻轉過去了，連後悔的時間都來不及，因此過去二十年電腦產業一再上演快速汰舊換新的戲碼。

開放系統引發骨牌效應

在企業級電腦的市場上，開放架構產生了驚人的產業改變，早先IBM、迪吉多、富士通、西門子（Siemens）等公司都是生產專屬封閉型架構的電腦，每家公司都設計並生產自己的軟硬體、磁碟機、印表機和各種周邊設備。不同品牌的電腦間難以連接互通，價錢也十分昂貴。1980年代許多大企業的電腦部門期望電腦公司能設計較為開放、可以互通的電腦，例如汽車產業就曾經提出要求，希望在製造工廠的電腦採購上，擬定大家遵循的共通標準。

為了因應開放系統的新趨勢，爭取讓自家發展的規格成為產業標準，變成重要的課題，所有大型電腦公司都努力影響標準的制定。1985年前後，我在惠普工作，瞭解當時負責標準的部門採取了「與其排斥，不如加入」的策略，那一陣子惠普參加了非常多的聯盟，討論如何把UNIX成為大型電腦相容的「心臟」，促成大型電腦標準化的產業標準。

當時許多電腦廠商或許還後知後覺，不知開放系統將成主流。但使用者已經深受專屬系統之苦，特別是許多跨國的大企業，如GM、杜邦、波音（Boeing）等，他們總部用一套電腦系統、工廠又是另外一套系統，不同國家之間又有不同廠牌的電腦，難以互通。即使在同一個工廠，生產線和倉庫都不一定能互通。一個大企業漸漸形成了四分五裂的資訊孤島。這些大企業的電腦中心和使用者率先要求電腦公司要發展開放系統。開放型電腦有三個定義：一是相容性——不同電腦可跑同樣的軟體；二是互容性——不同電腦可以透過網路連結起來；三是延展性——從小到大的電腦可以在同一個架構上。

變動的年代，調適時間拉得愈長的公司，失去的機會愈多。這從日後電腦業的起伏可以看得出來，那段關鍵決戰點，奠定了電腦產業板塊日後的分布。迪吉多忽略了潮流的變動，既不轉向UNIX，也無法在個人電腦市場獲利，最後終於失敗；IBM進入了個人電腦市場，後來也生產UNIX電腦，所以保住了寶座。

微軟創造的奇蹟

微軟公司是由電腦神童比爾．蓋茲（Bill Gates）所創立，在個人電腦的發展史上具有舉足輕重的影響。微軟從發展電腦的語言程式培基（Basic）起家，為IBM發展作業系統而建立事業的基礎，隨著個人電腦爆炸性的成長，微軟成為近代企業發展上的新典範。微軟提供的作業系統結合了英特爾的微處理器，並經過IBM同意可以授權給任何公司，使得相容性產品快速發展，創造了近代企業史最令人讚嘆的奇蹟。微軟的成功是結合了軟體技術和優異的商業策略，隨著視窗作業系統的成功，席捲了全球個人電腦的市場，在Windows 95作業系統問世時，股票價格上漲到每股100美元以上，比波音公司更有市場價值。微軟具有令人敬佩的企業精神，並且延攬一流的人才，發展出非常具競爭力的全球企業。

微軟的成功代表著時代的更替，運用知識和創意，並且了解顧客需求，一家以智慧財產為基礎的公司在短短三十幾年內，就成為舉世聞名的企業。微軟的股價曾經高達每股淨值的九十二倍，遠高於GM、GE等以有形產品為基礎的製造公司。代表微軟的價值中有許多是無形資產，包含了著作權、專利、人才、商標和顧客，雖然無法列出會計帳目的資產項目，但是確定價值的來源。微軟在管理上十分注重知識的價值，主張知識管理是利用技術使資訊能切乎需要，並且不論存在何處都可取用。知識管理結合了尋找、選擇、組織及呈現資訊的系統化流程，可增進企業在知識創造價值的能力。

視窗作業系統的空前成功為微軟帶進豐厚的利潤和客戶基礎，也激勵微軟進入辦公室應用軟體的領域，同樣贏得豐碩的戰果。在視窗作業的基礎上，微軟不斷擴充版圖，開發辦公室一系列的應用軟體，大幅提高了辦公室人員的效率。為了保護軟體的智慧財產，微軟緊握作業系統原始碼，其他業者想要開發視窗應用軟體，必須得到微軟授權才能取得應用軟體界面（API）資訊，在微軟掌握技術規格下，競爭上自然處於劣勢。但是積極擴張的結果難免引起司法部的關切。

微軟反托辣斯案的導火線正是起於微軟將探險家瀏覽

器（IE）植入視窗作業系統，以贈送方式將競爭對手網景的領航員瀏覽器（Netscape Navigator）逼出市場。經過激烈的辯論與攻防，微軟與司法部達成和解協議，根據協議內容，微軟公司必須向競爭對手披露部分技術資料，同時禁止就微軟公司的產品簽署獨占性合約。協議也規定，微軟公司的軟體必須採用制式授權條款，以及禁止該公司對使用對手產品的電腦製造業者進行報復。

近年來世界各地經常傳出微軟的做法引發反托辣斯官司的消息，也許是微軟繼續擴大版圖的隱憂。另一項微軟的隱憂，則來自開放原始碼所帶動的革命。原來許多中階伺服器或者高階的工作站被微軟所攻占，推測開放的概念將激勵許多使用者改採Linux系統，因而從伺服器開始，低價的作業系統將侵蝕微軟的市場。

免費掀起產業新風暴

新世紀開展以來，電腦軟體的生態也和硬體產業一樣，出現了大規模整併和重組的現象。撰寫本書時，正值微軟與雅虎積極談判併購的關頭，微軟提出不錯的價格和條件，但是雅虎一直堅決抗拒微軟的合併。微軟顯然需要雅虎的技術和網路經營的知識來抵擋Google。為何微軟這樣成功而且賺錢的公司，還需要擔心Google這個年輕的新起之秀？主要的差別在於，微軟的技術主要都是自己發展，使用者必須花錢購買軟體的授權；Google卻希望在網路上免費提供軟體，靠廣告或其他收入來創造利潤。近來Google提供的地圖搜尋、相片搜尋等服務大受歡迎，更進一步計畫包含要在網路上提供免費或十分廉價的軟體，構成對現有軟體公司的潛在威脅。另外，Google採用開放架構的手機作業系統Android，也引起廣大的迴響，威脅了微軟和其他作業系統的公司。

網際網路的普及，的確威脅了微軟既有的領導地位。許多企業發現，員工可以使用網站伺服器所提供的公用軟體，不必再為每部PC購買昂貴的應用軟體，加上廉價的Linux等開放原始碼軟體，大大削減了微軟的優勢。微軟面對Linux作業系統的挑戰卻難以做出因應，為什麼呢？微軟並不是欠缺資源，以他們的實力絕對有機會開發優異的Linux，但問題的真正關鍵是，在微軟的價值主張下，相較於其他更有利可圖的投資機會，它不太可能把Linux作業系統的發展及相關業務列為優先要務。最近傳聞微軟也受到金融海嘯引發的全球不景氣所衝擊，以微軟的優異體質，度過這次難關應該不成問題，但是否還能維持過去高成長、高毛利的榮景則有待觀察。過去十年，名列前茅的一些軟體公司出現整併的現象，似乎是軟體產業版圖鬆動的先兆，軟體產業未來幾年的變革值得注意。

Google善用網路的龐大力量

Google是由兩位史丹佛大學博士生佩吉和布林所創，他們懷有一個偉大的理想：發展搜尋的技術，改變世界。他們藉由先進的搜尋和傑出的商業模式得到網路使用者的喜愛，與微軟最大的不同在於他們是網路時代的新星，充分善用網路巨大的力量，而非藉重個人電腦本身的技術。由於搜尋幫助人們快速找到所需要的網站和資訊，成為上網人士每天愛用的工具，於是聚集了超大的流量。在2007年時，Google的搜尋網站提供了全球65％的網際網路搜尋指令，品牌價值快速提升，同時網路上快速增加的網頁也成為可以擺放廣告的機會，Google因此聰明地以廣告收入創造了驚人的價值。

現在，Google的衛星空照地圖和YouTube網站也廣受歡迎。下一個階段，Google的經營模式鼓勵許多軟體業者採用網路租用的模式，讓使用者可以便宜地使用軟體，挑戰微軟的霸主地位。這個策略是顛覆了原有軟體產業的遊戲規則，產生的衝擊不可忽視。網路的外部效應使其影響遠超過了個人生產力的提升，軟體產業的主戰場難以避免地將轉移到網路的應用上。

網路社群與分享文化

許多新創的公司也充分掌握網路社群分享的良機，像YouTube提供平台，讓創作者和廣大的網路使用者分享視訊影片或者照片，蔚為風潮；Facebook成為網路交友聊天的時尚平台，在歐巴馬的競選和募款上扮演極為關鍵的因素。這些網站運用所謂P2P（person to person）的技術，容納幾千萬、甚至上億的會員在上面交友和分享數位的內容。

Web 2.0的技術有效地促成社群共創分享的現象，維基百科（Wikipedia）就是一個重要的代表，它集合了許多專家的智慧，免費查詢的百科可以帶給人類豐富的知識。相較於Google的搜尋服務，維基提供的是經過專家整理，通常是較有品質的資訊。網路的使用者經過這些不同的使用經驗，深深喜愛上網路參與、社群互動等新的服務，將會帶動一波新的革命。

開放原始碼成大勢所趨

許多產業標準是由領導廠商推廣而成，但是也有很多是靠聯盟、合作、分享而成，像Linux的普及就是靠開放的合作方式所形成。這種合作的方式吸引許多熱心參與的志願工作者，充分展現社群的力量。公開軟體碼讓任何人使用，以達到共同改良的目的，這種新的做法現在廣受軟體開發者歡迎。

分析微軟視窗和Linux作業系統的差別，可以發現：微軟視窗是高度整合、相互依賴性極高的作業系統，為了發揮最佳性能，應用軟體開發業者的產品必須遵從微軟的界面要求，因為微軟並不允許業者修改視窗以改善他們的應用軟體，任何一個改變都可能導致數千個意外後果及作業系統發生問題。Linux作業系統則恰好相反，因為這個作業系統的目的，在於讓各種應用軟體發揮最佳性能，換言之，Linux作業系統本身是規格化的元件，只要遵守規則，就能修改它配合自己的應用軟體，使應用軟體發揮最佳性能。這種具備自我組織、自願參加的軟體開發社群，雖然在經營效率上看來不如企業，但是由於所有的程式碼都公開接受批評，軟體反而強大而且錯誤較少。

開放原始碼的軟體愈來愈多，已經成為一種新的趨勢，廠商也用這種方式來吸引顧客。免費使用的軟體，或者很便宜的出租軟體，常能快速地擴散。這是不是未來必定的潮流？軟體的價值會不會因此下跌？有沒有顧問和服務的機會？軟體公司必須誠實面對這些問題，早點想出對策。

iPOD成功結合軟硬體和服務

蘋果電腦的iPod和該公司線上音樂銷售網站iTunes的推出，造成了音樂產業革命性的變化。網際網路取代了CD等原有的音樂載具，直接將數位化的音樂傳送給消費者，跳過了傳統的唱片零售通路。2003年4月「iTunes Music Store」開立網站後，以一首歌曲99美分的超低價格吸引大眾，不到一年的時間，成為每週可以販賣一百五十萬首以上歌曲的巨大商店。蘋果電腦曾經低迷一段時間，靠著創新的技術和營運模式而重振聲威，成為無數消費者喜愛的品牌。

蘋果電腦在數位音樂方面的成功，代表一種結合硬體、軟體和服務的新模式，將贏得顧客的掌聲，為了支援這種網路服務的模式，軟體的重要性大為提升。軟體一方面做為傳輸數位內容的作業程式；另一方面也擔任商業營運的重要角色。

近年來一種新的經營模式SaaS（Software as a Service）開始吸引許多使用者的興趣，這個構想世界的網路提供軟體給顧客使用，顧客可以藉由網路點選所需的軟體，精巧的程式提供了多元具彈性的服務。以軟體支援服務的另一個例子是Facebook，雖然用了精巧龐大的社群分享軟體，但是基本上顧客使用的是服務，不需購買軟體的授權。企業應該多思考，軟體支援的服務是否可以有別於傳統的方式？是否可以更有效提供顧客滿意的方案？

現在以IT為促成技術（enabling technology）所衍生的服務，將帶給我國產業一個全新的機會，軟體公司可以積極探討這個新機會，以過去為企業開發營運軟體的經驗，將軟體程式模組化，變成可以選擇組合的元件。同時，注意介面的標準化，以提高整合的效益。

諾基亞獨霸手機市場

經過超過二十年的努力，諾基亞（Nokia）在競爭激烈的手機市場中，以40%的占有率遙遙領先其他知名品牌，在只有五百多萬人口的芬蘭，成功創造出令人敬佩的全球品牌。電訊產業改變的速度持續增加，包括自由化、科技、加速競爭，以及新市場的出現等，都是讓諾基亞快速改變的種種環境因素。由於採用數位技術，無線通訊產業在過去二十年有驚人的成長，以歐洲規格GSM為主的個人用無線手機廣受歡迎，諾基亞和易利信（Ericsson）利用GSM規格大舉進軍全球市場，成功地取得手機的領導地位。

許多人只知道諾基亞近年靠無線通信產品揚名全球，卻不知道他們從一家造紙、橡膠製品等傳統製造業的百年老企業轉型成功，期間是有血有淚、可歌可泣的感人故事。

在1980年代，諾基亞的執行長凱拉英勵精圖治，藉由大規模併購進入高科技領域，曾經是IBM等公司的代工製造廠，也曾積極發展電視和通訊事業，但可能是併購過於快速，資金發生缺口，1988年這位推動轉型不遺餘力的執行長，在大股東和銀行的反對壓力下自殺身亡，造成公司生死存亡的危機，後來經過三、四年才穩定下來。現任執行長歐里拉具備現代管理的知識，採用了市場創造的策略（market-making strategies），終於帶領諾基亞邁向空前的成功，2000年時諾基亞的市值超過2000億美元，並成為全球十大品牌之一。

許多諾基亞採用的策略思維，如全球市場區隔和在地顧客回應等，成為新世紀經營策略的教材。簡單講起來，歐里拉在引導這家公司轉型的危機中，導入了市場導向和顧客至上的思維，使諾基亞在優異的技術基礎上建立一個更重要的核心能力，也就是市場導向的事業策略規劃。當然，隨著智慧型手機的崛起，iPhone和Google的手機產品都將威脅諾基亞的領先地位，未來幾年將是一個新的競爭時期。

IC產業走向專業分工

台灣在IC產業的發展上雖不是先驅者，但是台灣首創專業晶圓代工的模式顛覆了產業舊有的規則，台積電是首家以專業代工服務為目標建立的晶圓公司，在台積電之前，雖然也有一些晶圓廠利用自己多餘的產能幫其他公司代工生產積體電路，但台積電一開始就確定自己不發展產品的路線，藉此贏得許多大廠的訂單。

台積電張忠謀董事長先在美國德州儀器和通用電子累積了三、四十年的經驗，後來回國擔任工研院院長和聯電董事長，在他的敏銳觀察中，認為晶圓廠的投資成本不斷上升，到了1980年代，一座新的八吋晶圓廠的建廠成本已達到10億美元，相當於當時新台幣300億元左右，一個產品的IC公司如果自己建廠，所需資金太龐大，產能也可能無法完全利用，獲利將很困難，所以除了英特爾、德儀等大公司外，其他IC公司可能都要轉型為無晶圓（fabless）的IC公司才有可能存活。於是，他說服了政府和飛利浦公司，利用國家超大型積體電路實驗室的技術和設備，合資設立了世界第一家專業的晶圓代工公司，這種創新的經營模式使我國IC製造的產值快速增加，後來聯電、華邦等公司也跟著轉型，2002年全球晶圓代工市場中，台灣的占有率高達73%。台積電與聯電不斷地在製程上改進，並投資先進的製程技術，使我國IC設計業者有最有效率的晶圓代工廠做合作夥伴，強化了競爭力，晶圓代工產業促成了台灣IC設計產業的蓬勃發展。

華人科技公司的興起

中國發展的歷史上，雖然出現指南針、印刷術、造紙和火藥等影響全人類的發明，但是近五百年來西方在科學上突飛猛進，中國反而陷入了貧窮與落後。在台灣，政府和民間積極推展教育和研究發展，成立工業研究院和科學園區，加上適當的政策鼓勵，因此趁著數位電子科技起飛的難得時機而大展身手。個人電腦產業創造出宏碁、華碩以及鴻海等世界級的公司；IC產業則培養出台積電、聯電和聯發科等實力堅強的大企業；無線通信方面，宏達電的智慧型手機，由PDA的技術起家，現在成為微軟作業系統支援的手機廠中最成功的一家，也創造出全球的智慧手機事業。

華人企業在網路通訊方面表現傑出，比較有名的包括大陸的華為、台灣的合勤和友訊。另外，值得一提的是軟體領域的趨勢科技，創辦人張明正觀察到個人電腦易受病毒侵害的問題而發展防毒軟體，成為全球聞名的品牌。在中國大陸，包括聯想、海爾等公司也已嶄露頭角，登上世界舞台，由大陸政府主導的「火炬計畫」更建設了許多高新園區，孕育了許多科技公司。相信未來全球科技界將有更多華人企業家的發展舞台。

三十年前，華人在科技產業只有少數成功的例子，留美的王安博士所創的王安電腦可以說是最早的典範，但他的發跡是在美國。經過了三十年的發展，兩岸華人拜科技演變之賜，列入科技百強的公司已經很多。成功的華人企業在經營管理上有許多值得學習研究的長處，例如：宏碁和聯想在個人電腦事業的成就，固然跟他們的數位電子技術能力有關，但是施振榮和柳傳志兩位創辦人的經營理念和能力也是成功關鍵因素。與工業時代許多大公司的領導者很不相像，宏碁和聯想採取的是分權和自治的管理觀念，能兼具規模和彈性，大大超越了家族企業的格局。

2 經營典範移轉

進入新世紀，必須面對全球化浪潮、知識經濟興起、網際網路革命、

老年化與少子化來臨、消費者意識抬頭，以及環境氣候變遷等。

企業不但要因環境而改變，還必須變得夠快，

才不會淹沒在這波來勢洶洶的浪潮裡。

在跨世紀的混亂中，一些舊有的科技領導廠商不支倒地，能夠適應這波變動而適時轉型的公司，大多具備對於新世紀環境變化的充分知識，並且勇於改變自己、轉型創新。贏家屬於能察覺變化、審度局勢的公司。反過來看，一些過去赫赫有名的科技公司：如迪吉多、康柏、3Com、柯達、西門子、北方電信（Nortel）等，不是已經被併購，就是營運陷入了前所未有的危機。

科技公司必須了解新、舊世紀的重要差異，才能在經營的方向上掌握變革的契機。這個新世紀與剛結束的二十世紀最大的不同在於全球化、知識經濟、網際網路、人口結構變化、消費者意識、環境生態、氣候演變等面向。新世紀的競爭不但迫使企業要因環境而變，而且必須轉變得夠快，才不會淹沒於這股來勢洶洶的浪潮裡。以下將分析影響較大的幾項環境變化，以做企業的參考。

全球化

在人類發展的歷史中，早期的國際貿易出現於歐亞與歐非的國際大國之間，但是真正較大規模的跨洲貿易發生於十四、五世紀，當時以葡萄牙、西班牙為代表的西歐沿海國家積極發展遠洋航行的造船技術，期望繞過非洲南端前往印度，十五世紀初，葡萄牙王子亨利派遣船隻沿著西非海岸一路探險，並指示所有的船長大膽地前往人類足跡尚未到達的地方。那時，葡萄牙的造船專家設計一種稱為卡拉維（Caravel）的多桅小帆船，開始了一系列的探險，甚至促成哥倫布發現新大陸。十八、九世紀，西歐海上強權國家藉由占領或殖民，大規模擴張貿易，促成了快速的東西交流，全球貿易占國內生產總毛額比例急速增加。由十八世紀初期占1%左右急速增加，到了1918年，約占7.9%。兩次大戰則使得國際貿易萎縮，經濟又陷入蕭條，各國紛紛採取保護主義，全球化的腳步緩慢下來，全球貿易占國內生產總毛額比例減少為5.5%。雖然在第二次世界大戰後歐美等國領袖就積極推動全球化，跨國企業的發展又積極起來，但是由於自由民主陣營和共產主義陣營的對立和冷戰，真正的全球市場一直難以實現。

全球貿易自由化帶來衝擊

1989年，柏林圍牆倒塌促使蘇聯和東歐共產集團的瓦解。由於東歐共產政權的瓦解，世界上資本主義、共產主義兩大陣營對立的冷戰時代結束。以市場機制為基礎的西方工業社會取得絕對的優勢，創造了一個龐大的世界經濟。同時交通的便捷和電信網路的發達使跨國的貿易及合作更趨頻繁。在這個發展的狀況下，包含中國、印度和東歐各國改採開放的政策，加入了自由經濟市場，大約三十億人口成為新資本主義大軍。

最近十分暢銷的一本書《世界是平的》作者湯馬斯．佛里曼（Thomas L. Friedman）以反省性觀點，審視全球化的快速開展與對美國企業工作模式的衝擊，提供深入淺出的探討，引發全美的廣泛討論。書中一再強調全球貿易的自由化將使許多工作移往工資低廉的地區，除了中國和印度已經分別成為製造和營運委外的世界性基地外，將來還有更多的開發中國家加入這場競逐。原有的工業國和新興工業國將面臨嚴重的競爭。1994年關稅暨貿易總協定（GATT）的談判獲致關鍵性的突破，進一步促成了世界貿易組織（WTO）。全球化的經濟一方面大量提升了全球的貿易金額，另一方面也使資金、工作和資訊的流動加快，全球貿易占全球所有國家國內生產總毛額比例快速提升，1998年時達到了17%。台灣於2001年加入世界貿易組織，也開始受到自由貿易帶來的衝擊。製造業大量外移，國內市場則面臨開放與自由競爭。

全球資金竄流形成風險

當然全球化也帶來許多負面的問題，正由於工作容易移動到任何地方，使得原來安於工作的工作者突然失業，全球貧富懸殊的情形更進一步惡化。記得2003年1月有一天，我從瑞士蘇黎世搭火車要到達沃（Davo）參加全球經濟論壇的會議，同一班車上山的有上百位反全球化的抗議人士。警方因為擔心他們在山上鬧事，在途中一個小站阻止火車繼續往前開，我和所有旅客與示威者一起在那個小站受困長達四小時，當時示威者似乎有意強行進入鎮上，警方只好發射催淚瓦斯彈，這是我近距離觀察反全球化示威印象深刻的一次經驗。

由於資金流動迅速，加上各國金融法規的鬆綁，全球的金融管控變得十分困難，一旦發生狀況，很快地就會蔓延。2007年開始的美國次級房貸風波，引起全球巨大的金融危機。2008年9月美國的雷曼兄弟銀行倒閉，引發全球恐慌性的巨大風暴，仔細探討這次風暴的形成，其實許多鬆散的管制早就種下遠因，連動債建立在類似老鼠會的衍生性商品上，讓愈晚加入的投資者承接愈高風險的商品，當房屋貸款的還債發生危險時，連鎖反應形同海嘯或雪崩，幾千億美金的商品瞬間化為烏有。其實雷曼兄弟只是其中一個案例，其他投資銀行也多受傷慘重，更令人驚訝的新聞，類似前那斯達克執行長馬多夫（Bernard Madoff）的騙局，造成了許多投資人和經紀人自殺，美國的法院將他繩之以法，判以一百五十年的重刑，這類騙局會發生，顯示全球資金竄流造成的風險比想像的嚴重。

知識經濟

自1960年代起，先進國家就出現知識工作者增加的現象。以美國為例，早在1962年一場名為「美國知識的產生與分配」的座談會中就已經有學者指出，當時美國有很多的工人在處理符號，而不是物質。到了2000年，知識工作者在先進國家的勞動人口比例已經超過50%，在美國，四位工作者中間有三位是做處理資訊或運用知識的工作。晚近崛起的明星企業和世界鉅富大多在軟體、網路、媒體等領域獲致成功。有些學者把這種以非實體商品為基礎的經濟稱為「資訊經濟」或「超象徵經濟」。知識在這類經濟活動中的角色日形重要，到了上世紀結束之前，已經引起廣泛的討論。美國經濟學家梭羅（Lester C. Thurow）教授指出：「未來是藉由知識的創新提升企業價值，進而創造企業智慧（Business Intelligence）的時代。」

以知識為基礎的新經濟

經濟合作與發展組織（OECD）在1996年出版的《知識經濟報告》（*Knowledge-Based Economy Report*）中給知識經濟做了以下的定義：「以資訊與知識之產生、運用與分配為基礎，以創造價值的經濟」。在這種經濟體內，許多工作者並未以任何實體商品提供給顧客，而是藉由位元符號等象徵的東西做為商品或服務。在這份報告中，也提出知識產業的分類，以進一步分析產業中哪些屬於知識較為密集者。這份報告認為，以知識為核心的「新經濟」將改變全球經濟發展的形態。衡量一個國家開發程序的分類法，亦將由「未開發」、「開發中」、「已開發」的分類法，蛻變成為該國是否透過知識創新、知識累積、知識分享而至知識擴散，進而形成的知識經濟化高、中、低度國家之分類。

其實早在1950至1960年代初期，就不斷有書藉、文章、評論，和一小批美國和歐洲的未來學者預測，未來的工作將從用體力的工作方式，轉為用腦力工作，或需要心理和人際能力的工作。管理學大師杜拉克即是其中一位典型代表，他在1959年出版《明日畫時代事件》（*The Landmarks of Tomorrow*）一書中首創「知識工作者」（Knowledge Worker）這個名詞。他觀察到當時美國企業僱用的員工愈來愈多屬於用知識工作的專業人員。知識工作者接受過正規的高等教育，以專業的知識做為工作技能的基礎，其工作性質與動機和以勞力為主的工人截然不同。現代管理學中很重要的課題就是如何發揮組織裡知識工作者的生產力。知識工作者不但具有完成工作的知識，更重要的是，他們可以運用知識做為創新的基礎。如今，美國勞動人口中已經有半數是知識工作者了。

知識經濟時代最重要的資源是知識，而非工業時代的土地、資金和勞工。知識由知識工作者創造、傳遞和應用，企業的重要任務是讓知識工作者的生產力提升。管理基本上在整合各種專業知識，提升組織績效，激勵成員達成組織的目標。除了全球化深遠的影響外，社會的知識化也是一個重要的趨勢，隨著成員教育水準提升、網際網路提供豐富的資訊，所有的組織都增加了知識的內涵，知識也成為組織貢獻的來源。

奇異電器公司是科技公司最早重視知識價值的典範之一，早在1900年就以愛迪生建立的基礎成立了大型的實驗室，快速研發各種新產品。後來，貝爾實驗室、西門子和IBM等公司起而效仿。藉由高級研究人員的研究發明，造就了二十世紀科技公司的迅速成長。兩次大戰期間，許多尖端的科技在戰爭的急迫需要下發展出來，戰後成為科技公司商業化的知識來源。除了產品研發外，管理科學的興起，造就了無數運用知識改進生產的專家和管理者，知識的角色大受重視。

新的財富創造體系愈來愈靠資料、資訊和知識的快速交換。資金不再是最稀有的，缺乏的是能結合知識和現實而創新的人。

台灣轉型知識經濟社會

台灣由於歷經三十年的快速工業成長，於1990年代邁入了新興工業國之列，但是同一時期卻也因大陸的改革開放，工廠大量外移，連電腦等高科技硬體產品的生產，也陸續移到海外，使得出口外銷導向的榮景不再。雖然IC晶圓和LCD面板等在台灣的產值快速增加，但是兩項產業都以製造為主，未能掌握關鍵的產品技術。有鑑於產業亟需轉型，2000年8月行政院提出政府未來施政重點「知識經濟發展方案」，其願景設定在「十年使我國達到先進知識經濟國家的水準」。這顯示知識已成為企業塑造競爭優勢、產業積累附加價值，以及國家創造持續經濟成長的主要驅動力。此項計畫本來可以積極引導台灣突破一些發展的瓶頸，可惜沒多久內閣改組，新內閣為了兼顧原有產業的發展，採取了漸進的做法，因此台灣未能大幅改革。

我那時在資策會擔任董事長，應邀參加一個「民間推動知識經濟社會」的委員會，該委員會的共同召集人為施振榮、張忠謀和陳維昭三位，委員會裡還邀請到史欽泰、徐小波、吳思華等人。經過一年多的會議和工作，推動了多項工作，協助政府和民間為進入知識經濟社會準備。我負責一項知識園區發展的研究，舉辦多次園區發展的座談會，又與管科會組織了一個考察團，觀摩了北歐和英國幾個新設的園區，了解他們產業與學術界合作的創新機制。先進國家重視知識的運用，鼓勵產業界與高級學府合作的政策令我印象深刻，回國後帶領資策會一小組繼續深入探討，完成一份報告供經建會參考。基本上這份報告建議政府基於科學園區的基礎，進一步規劃結合高等研究與產業研發的無圍牆園區，促成知識的有效交流與應用。

台灣的大學教育發展十分快速，但是教育對我們發展知識經濟是否有幫助？國科會和教育部都曾大力推動產學合作，比較有具體的成效應該是科學園區，由於國科會的積極推動，成為高科技發展的一個典範。當初科學園區的設立，參考了美國波士頓二八〇公路由麻省理工學院（MIT）衍生的群聚，以及舊金山灣區的史丹佛園區，兩個高科技重鎮都是以大學研究和人才培育而形成，當時國科會觀摩這些做法，對於日後台灣高科技發展的政策啟發良多。新竹科學園區的成功，為台灣的高科技製造奠定了基礎，但是我們原創性的發明並不多，每年要花巨大的資金向國外購買技術或是得到技術授權，代表我們的研發還有改進的空間。

新經濟或是泡沫經濟？

以知識為基礎的經濟，在本質上和以製造實體產品為主的工業經濟，有許多不同的地方。過去經濟學的法則不再適用，因而出現「新經濟」的觀念。由於電腦、半導體和網路的普及，美國在1990年代呈現了經濟成長加速的現象，因此一些經濟學者認為，科技的演進促成了報酬遞增和無摩擦的成長，引起新舊觀念的論戰。知識有一個重要的特色，當一個人的知識為另一個人所使用時，本身的知識並未消失或減少，通常複製知識增加的成本不高，有用的知識可以藉由出版或電腦軟體大量複製，不像製造原料產生成本上升的結果。

另外，先發展出數位科技的軟體公司往往具壟斷性的獨占，一旦使用者養成習慣，替換麻煩且成本高，就形成了市場獨占的情形。網路的興起更是推波助瀾，讓新經濟的論點一時成為時髦的話題。實務界也有許多人認為，世界已經進入一個與工業社會截然不同的新時代，經濟的成長將出現報酬遞增或無摩擦的成長，以電腦產業來看，IBM、惠普和宏碁等公司都大幅度降低自己製造電腦硬體的比例，改而強調研發、軟體、行銷、品牌和顧問服務，試圖在知識方面的活動中獲得更高的報酬。微軟和甲骨文（Oracle）更是專供軟體，創造了企業的王國。

不過，2000年開始出現的網路事業泡沫化，引起世人對於新經濟的懷疑，認為經濟還是遵循傳統的供需法則，無摩擦的經濟並不存在。為何網路的產業大起大落呢？細探網路產業迅速崛起的原因，可以找出一些線索。網際網路原屬於學術界使用，政府投入了多年的經費，等到商業用途開放後，各種應用網際網路的新想法就像掏金熱般展開。這股網路投資熱潮開始將美國那斯達克股市推向歷史高峰，一時間，全球各地茶餘飯後的談話焦點，都集中在「新經濟」的議題上，投資人一窩蜂地將錢灑在任何與網路沾得上邊的東西，包括入口網站、拍賣網站、瀏覽器軟體，以及連通全球電腦的光纖纜線。

四兩真能撥萬斤？

很多學者認為，一個主要以軟體與無形原料為主的新經濟體系正在已開發國家崛起。人們每天花錢購買的商品和服務中，愈來愈多的成分並非以原子構成，而是無形與無重的象徵性事物。象徵型經濟的特徵，在於許多附加價值的來源是無形的東西，如設計、資訊、符號、品牌與知識。相較於工業時代的代表產業鋼鐵，現在獲利高的軟體、半導體、生物科技和媒體、電信服務等，都是把產品或服務放在十分輕巧的載體上，重量很輕，每單位重量附加價值很高。一公斤重量的鋼鐵也許只賣新台幣10元，一公斤的積體電路卻可以賣到1萬元以上。主要的差別不在材料的取得成本，而在知識的含量。

美國前聯準會主席艾倫·葛林斯班（Alan Greenspan）曾提到：「新經濟時代最大的改變就是看一個國家的經濟，要看他們產生GDP的東西有多輕。」他也曾提到，經濟學所講的「替代效應」理論，就是在創造經濟價值的過程中，思想、知識和資訊科技逐漸取代重量。

在工業時代，藉由機器所產生的槓桿效應，使得工人生產力大增。機器的設計大多出自牛頓力學的應用，以牛頓力學為思考基礎的槓桿原理，幫助人類四兩撥千斤。現在的企業則藉由創意和新的資訊、網路技術而達到更驚人的擴散效果。個人電腦的程式幫助無數的人提升其工作的效率，一點點些微的創意加上努力就會產生巨大的成果。我們已經進入一個以量子力學、生物基因學為思考的新時代，人們開始探索宇宙中能量和生物資訊的神祕道理。

經濟學受新科技影響，即將產生資訊經濟學和基因經濟學等新的理論，很多學者預測將會出現「四兩撥萬斤」的驚人效應。1990年時代，「新經濟」一詞廣受重視，不但許多學者以「報酬遞增」理論解釋一些網路公司的現象，而且大眾傳播媒體也大肆報導。這些學者認為當技術有重大突破，而且技術社會化程度高時，就會發生報酬遞增的情形。這些學者當中，特別值得注意的是美國經濟學家羅默（Paul Romer），他一直研究經濟成長的理論，但是並不如諾貝爾經濟獎得主梭羅有名。梭羅教授主張技術是外生因素；羅默則認為技術變革是促成經濟成長的內生因素。1990年10月羅默在一本主流的經濟學術期刊發表經濟成長數理模型之後，知識經濟學（The Economics of Knowledge）成為眾人注目的焦點。梭羅、羅默和克魯曼（Paul Krugman）等受人敬重的經濟學者都主張：知識和技術的重複使用產生了報酬遞增的效應。軟體產業的高報酬反映了這個事實，軟體公司的成功往往是將一些概念設計成程式，經過成本非常低廉的複製，可以很快地讓成千上萬的人使用。最初的固定成本即使高，只要分攤成本的人夠多，就有巨大的獲利空間。

人力資源的觀念需要修正

大多數的政府或企業現在仍習慣把「人力」視為一種資源，也就是把人看成與材料、機器相同位階的資源，自然無法掌握這一波的社會轉變。正是這種轉變，促使社會收入M型化，具備高級知識的一群，收入比過去更高，傳統工廠裡比較不需專業知識和技能的工作，收入則漸漸減少，中產階級的人數逐漸縮減，甚至崩潰。美國很早就出現這種現象，現在逐漸蔓延到一些已開發的工業國。

從先進國家已經歷經的教訓中，台灣應該更預先注意一般人的工作機會和貧富差距的問題，以提升全體的競爭力為要務。但是現在要談生產力，不能忽略腦力和智慧，「人力」這個詞是否繼續合用？我們是否應該把人力資源的概念放棄，改為「人員發展」或「人才開發」等更符合新世紀的思維？其實，很多前瞻的公司已經把屬於人的知識和創意看作獲利的來源，因此人力資源的觀念由人才開發所取代。優秀的公司現在強調是找天資聰穎的「才子」或「才智之士」（talent），擅於激發他們的創意，而非沿用工業時代的思維，拼命要員工勤奮工作以增加產出，我們在第四章會進一步探討這個議題。

美國總統科技諮詢委員會於2004年元月曾發表一份美國科技現狀評估報告，報告中強調：「未來最大的贏家，將不會是那些製程比競爭對手更快速，產品比競爭對手更便宜的企業，而是那些擁有高科技人才，使用無人能及的工具和技術，讓競爭對手消失於無形的企業。」報告中還提到，雖然美國目前仍維持全球科技的龍頭地位，但這個領導地位將接受新的考驗。美國雖然還保有全世界最好、最有彈性的研發、人力資源、大學、法律、硬體和企業環境，但是美國某些產業結構，已逐漸與創新脫節，逐漸陷入困境，汽車產業即是明顯的例子。

以知識創造價值和財富

今日很多企業文獻都提到價值的重要性，我們必須注意「價值」一詞有兩個不同的意思，有時它表示某一特定物品本身的效用，有時則表示該物品給予占有者購買其他物品的能力。經濟學家講的「效用」，即是由個人觀點看一個物品或服務的「價值」。一個人為了滿足自己日常生活的需求和期望，得到一些額外的享受，而付出勞動力，人力資源在這種誘因的刺激下，得以發揮較大的功效。但是隨著人們生活的富裕，效用的觀念有解釋上的侷限性，經濟學家或施政者必須體認經濟學最根本的前提已經不同，過去的經濟理論不一定再適用於本世紀。我們需要一個後工業時代的新經濟學說，而非只是依賴凱因斯或貨幣學派的藥方。

利用知識創造價值在高科技公司很容易了解，以科學研究、產品發展為例，研究人員必須以某一些科學領域的知識為基礎，經過實驗、觀察、分析等過程發展出可以應用的技術，再結合市場的知識加以商品化。公司在生產、運籌、財務管理各方面也需要各種知識的協助，由於組織的專業分工細膩，專業知識也愈來愈重要。知識用在實際的工作，就能創造價值。

有一次台積電邀請我到年度生產力研討會做一場演講，我很努力地構想：如何帶給他們突破性的觀念。恰好我那幾年與清大教授合開一門課，主題是數位決策和管理，也曾經在一場國際學術會議（IACIS年會）主講智慧型決策管理的議題，所以就以「以商業智慧強化數位決策能力」為題，主要希望從現代管理熱門的議題「商業智慧」切入，探討台積電公司十分關心的決策力和生產力問題。台積電雖然是經營晶圓代工製造，但是為了貫徹張忠謀董事長「虛擬工廠」的服務觀念，已經採用不少人工智慧和專家系統，他們也有系統了解世界技術研究的趨勢。我的演講提出網路為基礎的商業智慧系統，可以強化知識應用和決策品質，他們很感興趣。

強化專業知識與網羅人才

知識既然是價值的來源，企業在經營上的政策，就必須調整成知識的有效運用，我在一場兩岸的人力資源論壇中，提出以下由四個P組成的公式：

People ＋ Professional Knowledge ＝
Performance ＋ Perceived Value

即使可以透過電腦資料庫、知識管理來強化知識，但是必須要有足夠好的人才，知識才會發揮應有的效益。企業應以網羅優秀人才為第一要務，其次則是累積專業知識，使他們成為核心領域的專家。依我的經驗，知識密集的企業要找到才智兼備的人才，讓他們用專業知識發揮創意，因而產生優異的績效和顧客知覺的價值，而人資主管必須以新的視野規畫，適應新的挑戰。

網際網路革命

1990年以來，影響企業最大的環境因素，恐怕是網際網路的革命了，如同工業革命是由內燃機引擎所引起，這一波的知識產業所以快速興起，主要應歸因於網際網路技術的擴散和普及。

網際網路是網路的網絡，也就是由無數個網路互聯而成的巨大網絡。最早的網際網路是1969年美國國防部ARPANET採用UCLA教授Leonard Kleinrock發明的封包交換（Packet Switching）原理傳輸信號，以連接四所合作大學的一個電腦網路。由於這種網路具有簡單、可靠、低廉等優點，很快地為學術界廣泛使用，早期用途主要為傳送電子檔案，後來發展出電子郵遞、討論社群等新創應用。1990年之後伯納斯李（Tim Bernes-Lee）提出超連結（hyper link）的主張，使網頁與網頁間很容易相連，網網相連形成全球資訊網。沒有多久，全球資訊網成為風靡全球的技術，由學術界更擴展延伸到企業界、一般個人與家庭，全世界使用人數呈現爆炸性成長，到2000年已超過一億的使用人口。目前估計全球已經有超過十億使用人口，對於人類產生極大的影響。

美國政府從1992年起推動國家資訊基礎建設（National Information Infrastructure，簡稱NII），大舉鋪建寬頻網路，構成了WWW的基礎架構，同時由於開放給商業用途，在1995年4月到96年4月間，網際網路相關公司的資本額，從零躍升到100億美元。雅虎（Yahoo）及網景（Netscape）正是新興網際網路輝煌成就的價值創造者，傳統的公司也積極投入網路行銷和電子商務，深恐錯過了這波成長的機會。

台灣在政府的主導下，也於1994年起編列預算，強化網路的建置。夏漢民先生擔任政務委員時，成立了跨部會的國家資訊與通信基礎建設委員會，我曾應邀擔任民間諮詢委員，提供政府網路建設的建議，有一次，夏政委希望我報告國外應用寬頻網路的實例，我就以隨選視訊為題在民間諮詢委員會做了一個簡報。由於政府對於電腦化、資訊化的重視，台灣很自然地注意到網路建設對於國家競爭力的重要性。現在國際組織常以一個社會的e裝備來度量衡量一個國家的e化程度，台灣在相關指標上一直名列全球前二十名。電子和數位科技的普及，形成一股莫大的力量，衝擊社會的各個層面。其實早在1990年之前，政府就因憲法要求教科文預算增編而讓大專院校鋪設校園網路，讓台灣有一次積極的投資，因而奠定了網路技術和人才的基礎。

化資訊為有價值的知識

以網路連線促成內外部合作關係，明顯地降低了營運和交易的成本，沒有幾年的功夫，電子化企業和電子商務就成為最熱門的商業議題。藉由先進的軟體，知識工作者正以各種先人無法料想到的方式分工合作，我們現在所歷經的將是一個新時代的開端，未來發展的空間十分寬廣，企業正面臨一個機會無窮的新機會，把資訊轉化為知識並且創造價值給顧客，協同合作的研發和客製化的內容服務是其中較為顯著的例子，還有許多發展中的工具將產生更為巨大的影響。

另外，在以實體商品為主的供應鏈中，資訊取代庫存，加快了貨品的流動速度。有一次世界知名的消費產品公司寶僑（P&G）董事長佩柏斯應資策會之邀來台灣，在Efficient Consumer Response（ECR）會議現場演說，我記得他提到為何要如此快速回應呢？因為目前世界上商品太多，且幾乎供過於求，所以消費者力量很強，不僅要挑最時髦的，喜好也經常變動，如果消費者改變而企業卻無法隨著改變，庫存就會很大，庫存往往會壓垮一些公司，P&G很努力改善這種營運的問題，當時他告訴我，P&G在亞洲各國的庫存平均約十三天的銷售量，未來還要降到八天。

管理網路氾濫的資訊

全球資訊網形成了一個橫跨全球的巨大知識庫，使得人類的知識可以快速流通，人們利用瀏覽器和搜尋引擎，找尋相關議題的資訊，是文明的一大躍進。但是，過多的資訊反而容易造成氾濫的現象，於是管理知識再度成為緊要的事。有用的知識通常針對特定情境的需要，所以目前一般性的資訊太多，反而分散了人們的注意力，為了改善這種現象，有必要發展新的方式。像全球資訊網協會（W3C）一項大型計畫著重在「詮釋資料」（metadata）上，所謂詮釋資料，是指和資訊有關的資訊，它的目標是建立慣例和工具，協助全球各地擁有相同利益的人表示取得共識的資訊意義。

MIT的電腦科學實驗室和全球資訊網協會正透過稱為「語義全球資訊網」（Semantic Web）的聯合專案，致力達成這個目標。「語義全球資訊網」的構想還沒有成形，並非從全球資訊網中脫離而出，它的目標其實是增進全球資訊網的能力，能對其網頁、圖片和連結中的資訊意義（即語義）產生關聯。這種新的能力是我們追求人本運算的核心，能從單純處理資訊結構提升為盡可能考慮更多的意義。把這種詮釋資料的資料庫放在網路上，可以讓使用者容易從不同的線索搜尋到所需的文獻，再藉由超連結快速找到所需的資訊，有益於知識的散播和再利用，在商業領域上也有巨大的潛力。

網路交易帶動電子商務

網路確實是一種令人興奮或震驚的科技，任何企業只要用電子郵遞或網站就可傳遞資訊給顧客，不再受到時間、地點等的限制，但是消費者同時也很容易接觸各種產品的訊息，增加了選購的機會，忠誠度常常只在一個滑鼠的點按之間，企業必須重視與消費者的互動，把網路變成建立和維繫關係的工具。

網路在溝通上最大的貢獻在於提供一對一對話的機制，使消費者能與企業經過深入的對話而彼此增加瞭解，這種瞭解一方面幫助雙方討論出解決需求問題的方案；另一方面頻繁而長期的互動，也會增加消費者對企業的信任和承諾。

1992年，美國政府開放網際網路給民間商業使用，很快就吸引一些新創的公司。1995年，由於雅虎和網景等網路公司上市，引起全球矚目，亞馬遜網路書店等電子商務迅速崛起，造成革命性的影響，加上eBay、戴爾和許多線上直銷公司的成功，才讓大家注意到新興的商業模式顛覆了許多傳統的經營方式。通路結構、功能與角色正在形成革命性的典範移轉。

各個產業的傳統公司剛開始並不重視電子商務的影響，甚至連一些學者都相信網際網路很快就會完蛋。1998年，還有許多人認為網際網路接收資訊是不錯的途徑，但對交易而言，可靠性有待商榷。直到1998年耶誕節購物熱潮顯現，大家才突然警覺到，每個美國人都已經開始在網路上大肆採購。2000年企業對消費者（B2C）在電子商務上的交易總金額，已經高達100億美元。

數位傳輸取代實體載具

線上購買或拍賣實體商品固然搶走了一些實體通路的生意，但還不至於很快造成原來通路的危機。影響比較嚴重而直接的是報紙和CD這類以內容為主的行業，由於從網路傳輸內容，成本低廉、速度飛快，很容易吸引消費者喜歡。於是，報紙訂戶數和CD銷售金額都像搭雲霄飛車一樣下滑，美國主要大報除了USA Today之外，訂戶數都比高峰時下跌很多，台灣多家歷史悠久的報紙也陷入經營困境。CD的情形也很類似，MP3數位音樂技術使消費者可以輕易從網路下載音樂，使得CD銷路大受影響，1999年台灣CD唱片銷售達到新台幣100億元，但不到三年銷售額即跌到60億元，許多唱片通路和零售商被迫關門或轉行。

最近一位美國CD唱片業界的大亨承認，往後的人將不會再想買唱片了，因為音樂媒體的時代已告一段落，音樂的媒體雖歷經橡膠唱片、錄音帶再進步到CD，但不管CD如何進步，音樂終究不會再附身於任何媒介上，人們只想透過網路聆聽音樂。這種情形跟報紙類似，原先新聞附著於紙張上，所以報紙顧名思義應該有一張紙，但人們需要的是新聞，而不是報紙，人們所要的是音樂，並非唱片，所以，未來是一個音樂傳播的時代。

既然連經營本業的人都如此承認，那麼經營電信業的人可以認真思考：這些將是我們潛在的顧客，特別當iPod

流行時，更多年輕人知道MP3，MP3可以把音樂用數位傳輸或下載，獲得合法的、有授權的音樂，而且非常便宜。將來這些載著音樂跑的，並不是用卡車運送的CD膠片，而是一種傳送方式，如果大部分的人都透過電信載運，我們的生意就會大增。人們購買iPod的目的，在於便捷地收聽好聽的音樂，從網路下載是一個很好的構想，但是必須獲得授權，並且要有足夠好的網路來服務。尤其是「iTunes Music Store」帶給市場的衝擊甚大，他們先以一首歌曲99美分的超低價格吸引大眾，然後，把下載的音樂和具備大量記憶並可收聽的iPod做系統性的連動。從2003年4月「iTunes Music Store」開張後，不到一年的時間，已經成長為每週可以販賣一百五十萬首以上歌曲的巨大商店。

無線通信技術大躍進

無線通信的發展雖然已有百年的歷史，但直到數位電子技術使無線通信的成本大幅度降低，才創造了一個龐大的消費者市場。因歐洲的電信和無線手機公司一起發展的GSM第二代手機規格風靡全球，才造就了易利信和諾基亞在全球手機的領導地位。

近年來通訊產業被全球眾所矚目的新聞主要有二：第一是3G（3rd-generation，第三代行動通訊技術）電信服務在各國的進展；第二則是WiMAX（編注：Worldwide Interoperability for Microwave Access，是一種點到多點寬頻無線存取技術）技術的進展和論壇的發展。在3G部分，歐洲各國雖然早在2000年前後發出3G執照，但是由於投資昂貴，尚無足以創造收入的經營模式，使歐洲業者蒙受巨大損失，投資趨於保守；反倒是日本NTT DoCoMo以i-Mode建立基礎，累積了無線上網的顧客和經驗，2004年開始積極推動3G寬頻服務，使用人數直線上升，到2005年8月時已經達到一千五百八十多萬用戶數；另外是韓國在政府大力鼓吹之下，推出利用3G手機付款、轉帳等服務，廣受歡迎。

WiMAX和3G分庭抗禮

在電腦的寬頻上網部分，藉由Wi-Fi的普及，採用無線上網的使用者急速增加，下一代的技術WiMAX漸漸受到重視。英特爾近年來積極舉辦論壇，並參與台灣雙網的實驗計畫；主導WiMAX標準的IEEE802.16技術標準委員會也多次選擇來台舉行會議；我國電通所和廠商則提出多項技術建議。長遠而言，WiMAX不但是筆記型電腦等上網的理想架構，如果手機也提供WiMAX，甚至透過VoIP（網路電話）的服務平台通話，將對3G行動通訊造成很大的衝擊。只是WiMAX的基礎建設恐怕還要再經過兩、三年，到時3G已經擁有足夠多的使用者，鹿死誰手尚難預料。

在朝3G系統的發展上，歐規系統WCDMA（編注：一種第三代行動通訊系統的無線傳輸技術）獲得超過一半的占有率，主導業者包括日本最大電信業者NTT DoCoMo、歐洲手機製造大廠易利信、諾基亞、西門子等。美規3G系統CDMA2000 3X則由美國無線通訊設備業者高通公司（Qualcomm）主導，也有相當多的建置。大陸則推出TDS-CDMA的標準，已經獲得國際電信組織ITU的通過，3G系統不但提供智慧型手機上網，更進一步進入行動筆記電腦上網的市場，WiMAX和3G勢必會演出一場大戰。而台灣的政府和民間大量投資和押寶在WiMAX技術上，將會面臨一些風險。

另外，根據ITU等國際組織的規畫，第四代的行動通訊未來將進一步加大頻寬，並希望各種有線、無線寬頻系統可以互通，讓使用者能自由使用各種不同系統的服務，達到無縫隙通訊的理想。以下是各代行動通信頻寬的比較：

表2-1　寬頻無線通信規格

1G Analog	2G Digital	2.5G	3G IMT-2000	4G
AMPS,NMT,NTT	GSM,PDC, IS-95	GPRS	WCDMA, cdma-2000	—
<300bps	9.6-19kbps	43-144kbps	384kbps	>2Mbps

未來無線通信產業的戰場在數位寬頻的通信設備，以手機技術出發的廠商將面臨以電腦作業軟體為基礎的眾多競爭者，最近通訊大廠倡議的長期演進技術LTE藍圖，強化了寬頻數位通信的能力，值得注意。

數位匯流帶來新商機

在全球經濟擴張的過程中，結合電信、電視、電腦與消費性電子產品的電信業將有一段百家爭鳴的時期。原來電腦、電話、電視各有相互重疊的功能。電信業者將試圖整合這些技術和功能，因此未來可能出現各式各樣結合這三者的混血產品。由於網際網路的普及，電信業者已經順利地跨入電腦網路服務的領域，現在更進一步擴展版圖，試圖進入電視產業的領域。許多國家已經立法或修法允許電信業者經營

圖2-1　以商業傳播角度看溝通媒介

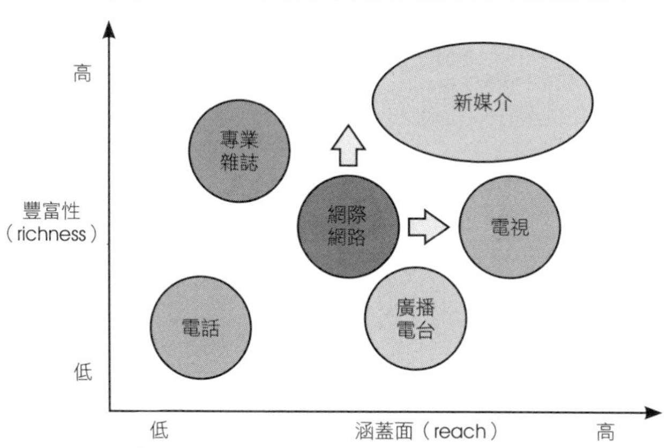

有線電視，引起電信業者和有線電視業者激烈的競爭。為了生存，有些業者選擇異業結合，像1993年10月13日貝爾大西洋電話公司（Bell Atlantic）與美國最大的有線電視公司TCI在這一天宣布合併，是一個具體的例子。

今日我們談商業傳播，不盡然只是商業間的互動，而是指能傳送給消費者的各種媒介能成為商業模式。早期電話是很好的傳播工具，但是傳播界常講的，一個是涵蓋面（reach），指同一時間可以和多少人接觸，另一是豐富性（richness），即我和對方接觸後可以溝通多少事情，例如同時具備聲音和影像，豐富性一定超過單純的聲音。為什麼專業雜誌的豐富性較高呢？因為專業雜誌訪談的對象，常是非常內行的專家，會有許多圖表附在上面，但這類雜誌主打高附加價值、特定的顧客群，所以涵蓋面較低。至於電視可以在同一時間內給幾百萬人同時觀賞，豐富性也很不錯，所以電視獨領風騷好長一段時間。

數位匯流讓電信、電腦和電視的網路結合成一個龐大的寬頻網路，各產業間的界限日益模糊，競爭也日益激烈，網際網路正在結合電視的高涵蓋面和專業雜誌的高豐富性，向上發展出一個新媒介。由於這些網路的匯流，使得內容與節目都可以互相傳送播放，相信將帶動下一波數位內容的新機會。這些內容與節目成為日常生活的重要資源，舉凡新聞、教育、娛樂、購物等生活中的重要活動，很多都可以透過寬頻數位服務的通路取得。

當然，這些豐富的生活相關服務必定需要許多服務的提供者，提供這些服務則需要各種軟體技術和產品，結合創新的經營模式，因此通訊產業可以開創全新的機會。

人口結構變遷

進入新世紀，有一個不容忽視的趨勢是人口結構的改變，先進國家除美國以外，幾乎都面臨人口成長緩慢和人口老化的現象，以日本為例，2005年起總人口不再成長；德國六十五歲以上的人口現在已經占了成年人口的20%以上，預計到了2030年，六十五歲以上的人口，更將占所有人口的一半以上。

少子化與老年化成趨勢

台灣在2007年，六十五歲以上人口占全部人口首次超過10%，根據內政部的資料，2008年的新生嬰兒只有十九萬八千多人，出生率僅為8.6‰，低於許多歐美國家的10‰。另外一份報告則預計台灣人口到2016年將變成零成長，2050年台灣人口將降為一千八百萬人，老年人口占全部人口將高達40%。現在台灣需要照顧的人愈來愈多，少子化使得以後愈來愈要靠自己養老，醫療保健會成為龐大的負擔。以人口結構來分析，台灣一年出生的嬰兒，最多一年有四十萬人，逐年下降後，現在已經減少到二十萬人以下；未來一個工作的年輕人將要養三到四個老人，如果沒有適當的措施，賦稅將壓得年輕人喘不過氣來。

由於年輕人愈來愈多接近三十歲才投入職場工作，如果他們未來六十歲就要退休，等於只在平均八十歲左右的生命中工作三十年，不工作而靠其他人的生活則長達五十年，這樣的社會是無法持久的。在八十年的生活中，工作五十年而接受別人養育三十年是比較可行的，換言之，從二十五歲工作到七十五歲以取得較為理想的生活，似乎是無法避免的趨勢。人口老化的部分原因來是醫療發達，另一個更重要的原因，則是晚婚和少子化，解決之道除了鼓勵生育外，引進外國移民似乎也是不得不考慮的措施。

表2-2　台灣人口增加的情形

年	1960	1970	1980	1990	2000
人口增加率（%）	3.5	2.4	1.9	1.2	0.8
出生嬰兒數（萬人）	41.9	39.4	41.3	33.5	30.4
自然增加率（%）	3.25	2.23	1.86	1.13	0.81

注：2008年，出生嬰兒數下降到不到二十萬人，為出生高潮時期的一半以下。

就業人口從農工移向專業

先進國家出現的另一個人口趨勢，是職業性質的轉變。美國勞工部曾就美國各種工作者占就業人口的比例發表統計指出，在上世紀初，美國就業人口中有73%是製造業的勞工，到1980年已經降到34%；經營管理、技術和各種專業為主的工作者，在二十世紀初只占當時就業人口

17.6%，到了1980年時則占了52.2%。類似的趨勢也可從史丹佛大學教授巴利（Stephen Barley）一項研究中看出，他提到美國就業人口中，以處理事務為主的農人、工人、接線生、非專業勞動服務者，在1900年時占83%，到了2000年下降為41%；相對地，以處理資訊為主的銷售、經營、管理、財務等工作者，在1900年時只占17%，到2000年時增為59%。以就業人口的分布來看，美國在上世紀結束前，已經率先進入知識經濟時代。美國的藍領工人僅占總勞動人口的18%，預計會持續降至10%左右。目前人數最多，約占總就業人口三分之二的職業，是一種被美國人口統計局（Bureau of the Census）稱為「管理與專業人員」的職業。

台灣在日據時代主要的就業人口是農人，戰後工業發展促使農村人口大量移入工廠，製造業工人一度占就業人口比重超過40%，但是1980年代後期，工廠外移，使製造業工人占的比例節節下滑，目前已經低於30%，服務業就業人口則大幅增加。

典範移轉

基於以上所提出關於全球化、知識經濟和人口結構變遷等重大環境改變，現有的經營觀念和理論及假設將與過去一世紀截然不同，我相信企業管理也會出現典範的移轉。企業的經營，要能經常跟得上時代的腳步，以免因為環境變遷而適應不良，漸漸失去生存的空間。在外部環境的因素中，有一些演變是較為漸進的，例如人口結構改變，也許要每隔五年到十年才會顯現較大的變化。但是有一些消費者態度的變化，或者技術所啟動的新應用，如果受到潮流的影響，很可能在兩、三年內就形成巨大的改變。

最近由於溫室效應的報導日益增加，全世界有識人士都關心二氧化碳排放的問題，很可能讓環境保護的觀念成為許多消費者的良知或意識形態，讓消費者在採購的選擇上偏向綠色產品，即符合環保概念的產品，如果廠商不注意消費者態度的演變，將失去不少市場。

荷蘭的殼牌石油（Royal Dutch Shell）公司曾經在1970年代做過一個大型研究，發現企業的平均壽命只有十二年，既使列名《財星》五百大的公司，平均壽命也只有四十年。大多數的公司習慣用原來成功的模式經營，沒有警覺到一些危險已經在眼前，只有少數公司能像英特爾在面臨記憶體事業危機時，毅然決然地轉到微處理器的領域，後來英特爾完全專注於微處理器，反而成為積體電路領域的領導者。

生於憂患，死於安樂

一家企業在一個行業裡經營久了，很容易習以為常，認為這個行業會一直存在，而忽略了社會的變遷和需求的改變，等到新技術或新方法出現，漸漸取代原有的業務，才警覺到情況的危急。我們常用水中的青蛙比擬，如果把一隻青蛙丟進滾燙的水中，它可能會受不了水熱而一舉跳出，雖受到點燙傷但仍活命；如果把一隻青蛙放在溫水裡逐漸加溫，它可能漸漸安於溫水的舒服而留在水中，等到燒到很熱時，它已失去跳走的力氣，成為煮熟的青蛙。

許多行業都曾發生過這種現象，管理學者最常舉出的例子是馬車公司，由於美國早期移民中西部的緣故，十九世紀是馬車製造公司的輝煌歲月，永不缺乏的市場需求創造了馬車公司的榮景。可惜的是，汽車的技術日趨成熟時，馬車公司幾乎仍習慣於美好的歲月，以致到二十世紀初逐漸沒落。其實在電腦產業裡，也發生好幾次技術的改革，當採用IC的迷你電腦功能逐漸強大時，許多大型電腦的公司無法支撐下去；當微處理器應用在個人電腦上，形成一股熱潮時，許多迷你電腦公司也跟不上時代而被淘汰。產業跟達爾文主張的生態系統很像，不適應環境變化的公司不論規模多大，終究逃不過物競天擇的命運。

鐵達尼號的沉沒

前幾年發現鐵達尼號沉船遺跡，並打撈到一些船體和物品，一時引起全球研究那次海難的熱潮。探索（DISCOVERY）頻道經過長期訪談，拍攝了一部探討鐵達尼號沉船悲劇的影片，試圖找出更多線索。經過專家們好幾個月的分析、訪談和探索，發現可能的原因很多，包含航道的選擇、鋼板的鉚釘施工、船長的判斷、天候、瞭望者的能見度、望遠鏡上鎖、救生艇不足，忽略友船的警告電報等等，許許多多的錯誤造成了歷史上最大的海難。如果不是這一連串的錯誤同時發生，這樣的悲劇應該不會發生。

從經營管理的角度來看，鐵達尼號最主要的問題出在未能重視天候變化造成的浮冰危險。許多海上的冰看似浮冰，其實是冰山的頂端，對於航行船隻是潛在的危險，當時許多專家也建議調整路徑，選擇較偏南的航線航行，但是鐵達尼號的船長掉以輕心，仍然走平常的航線，未能避過危險海域。加上船的施工有瑕疵，鋼板焊接未能全部用機械焊接，同時缺少緊急應變的能力，多重問題加起來造成難以挽回的悲劇。

企業的經營也會面臨險峻的環境和潛在的危險，最近金融海嘯引起的經濟蕭條，連高科技產業都難以避開景氣急凍的衝擊。根據海關的統計，台灣2008年第四季的出口額比前一年同期衰退了40%左右，許多科技公司都出現了虧損，新竹科學園區的廠商普遍採用停薪假，以度過這波景氣寒冬，體質較弱的公司若缺少應變的能力，恐怕容易滅頂。

台灣經濟快速成長的三十年，以製造業的發展為主要成長動力，然而自1990年代開始，製造業外移，製造產值在經濟中所占的比例一路滑落，由接近40%的高峰跌到2005年只有25%左右，產業結構發生革命性的變化。由於工資在過去二十年快速攀升，人口成長又趨緩，讓台灣發展製造業在勞動力方面的競爭力下降，過去製造業賴以成功的背景已不復存在。

台灣資訊電子業的出口占了總出口額的大宗，但其中為國際大廠組裝代工的比例很高。許多代工的附加價值極低。根據一份加州大學的調查報告，一部在美國銷售金額為

215美元的iPod，如果追根究柢分析其產銷價值鏈，會發現最後組裝的工作（大多是台商在中國大陸生產）只占了1美元的附加價值。比較大的價值創造在蘋果電腦（約占70美元）。細究蘋果創造價值的活動，很少跟硬體的製造或運送有關，這類的工作有數不清的公司在競爭，蘋果的貢獻在事業觀念的規畫、軟體開發、外型設計、行銷公關以及品牌的價值上，這些都不同於工業時代的主流工業，是結合了創意內容和服務的嶄新行業。

優勝劣敗，適者生存

如同達爾文所觀察到的生物進化一般，企業面臨環境改變，也出現適者生存的現象。一般而言，對企業經營造成影響的環境因素，包含了政治、經濟、社會、文化、法律和科技等層面，當然許多產業也會受到人口結構、氣候、原物料供應等的影響。這些環境改變，有些與公司的經營沒有太多的關係，有些則影響深遠，企業必須小心分析評估。許多電信公司在法規改變時，因未能及早準備而陷入困境；最近許多報社受到網際網路和自由化衝擊，虧損累累，想調整改變原有的經營項目，卻需要許多努力，但愈早啟動，問題將愈小。

現在居於領先群的科技公司並非全是一帆風順，好幾家卓越的科技公司幾乎都經過一段驚滔駭浪的危險階段，幸賴領導人和全體成員改變策略方向，方能轉危為安。其中包含最戲劇性的諾基亞，在1980年代後期，雄心萬丈的董事長兼執行長因擴充過快、資金無以為繼而自殺身亡，經過三、四年風雨飄搖的艱苦歲月，繼任的執行長歐里拉銳意改革，才成為全球知名的企業。

已過世的管理大師杜拉克曾預言，下一個社會將是「知識社會」，人類社會將首次以知識做為主要的經濟價值來源，各種組織也將由知識工作者組成。領導者務必了解與深思知識社會的本質與發展，才能用前瞻的眼光引領自己的組織邁向成功。

傳統工業時代的領導建構在金字塔型的組織基礎上，命令、指揮與督導是領導者重要的工作，進入以知識為主的時代，組織大多靠知識工作者的專業達成使命，而專業往往建立在個人或少數人身上，金字塔組織不再適合，取而代之的是各種更具彈性和活力的組織，其運作方式迥異於金字塔組織。知識工作者期望自主管理並參與決策，他們不僅要求更高的待遇，還追求成就感和升遷。工業時代的象徵是大量消耗材料，製造低廉的商品；知識社會則是展現高度知識創造力的社會。

科學管理的起源

1910年，泰勒先生出版《科學管理的原則》，可以說是開啟科學管理的序幕。在此之前，他已歷經約三十年實際工作的研究和實驗，奠定了他在工廠管理上的理論基礎。泰勒的動作研究開展了工廠的大規模分工，並且促成了生產線的創新模式，這些工廠的組織按照生產流程和機器配置來規劃，藉由簡單的操作動作，讓工人的生產效率大為提升。

福特汽車（Ford）是第一家利用生產線大量生產汽車的公司，採取了集權的組織和輸送帶的生產線，雇用人數曾經多達五十萬人。福特T型車自從1908年採用一貫作業的大量生產後，成本大為降低，創造了一個龐大的汽車市場。但是大型工廠只求效率，工作極端簡化，都是預先設定標準時間的重複動作。因為未能注意工人工作的環境和動機，最後造成了勞資的對立。早在1892年賓州候姆斯戴（Home Stead）的卡內基鋼鐵廠（Carnegic Steal），數以百計的警衛和罷工的工人就曾大打出手，在槍炮聲中，有十個人喪生，幾十人受傷。1910年，費城又發生了第二次全面罷工，引發了第一波蔓延全美的勞工動亂。

泰勒身處當時的情境，一直希望以更好的方法幫助工人提高生產力，獲得較高的收入。

1908年哈佛成立商學院，蓋伊（Edwin Gay）院長開了一門工業管理的課程，泰勒常應邀去講系統化的管理。如果說要追溯管理科學的起源，應該是1808年至1910年間泰勒和哈佛商學院合作開始，距今已經足足一百年。

1910至1930年代是管理學的萌芽期，一些心理學、社會學者開始研究工廠的問題，經濟學家則投入配銷和廣告的研究，開展了行銷學的領域。這些企業界關心的重要議題，成了當時大學和研究所熱門的研究領域，這段期間許多美國大學新設商學院或管理相關研究所，開啟管理學的紀元。

1930至1950年代是管理學的成長期，學者巴納德、杜拉克、史隆、梅育等人對於企業的功能和組織進行深入的探討，使管理的觀念快速普及。知名的霍桑實驗將員工工作動機帶進管理學的領域，企業的分權化、多角化也在這個時期發展。美國具先進思維的大企業，採用各種提升組織績效的方式來達到企業的目標。

第二次世界大戰，美國為了供應大量武器和軍需，工廠採用了積極的科學化和人性化管理，成為日後的典範。戰後，管理學隨著美援而引進歐洲、亞洲和中南美洲的美國盟邦，戴明、杜拉克等學者更協助企業將管理學的實務發揮到淋漓盡致，促成了管理學的快速擴充。

1950年代到1990年代，可說是管理學的擴張期，世界各國爭相設置商學院或管理學院，企業的管理學原理不但擴散到全世界，甚至廣為非營利和政府組織所採用。

迎接管理新典範

1990年代結束，人類進入全新的世紀和千禧年，本書前幾章提到的種種變遷，勢必迫使管理學轉型，以解決本世紀所面對的種種新議題。

目前企業正處於一個劇烈變化的時代，工業社會所發展的管理原則漸漸失去其效能，人們尚未完全了解下一個社會的全貌，正如同人們無法確知宇宙的範圍一樣。為了因應這波環境的變化，順利渡過社會的轉型期，企業有必要採取一種彈性的管理方式，掌握變化，勇於創新，能夠率先轉型到適合新社會的企業，就有機會在下一波的社會變革中成為贏家。學術界則將提出各種新管理學的理論和模式，設法做為下一波企業經營的典範。本書建議在新的理論尚未成熟之前，企業應該採取以下的步驟，強化適應的能力，嘗試各種方法，用以克服轉型期所面對的挑戰，下面會進一步探討轉型期可以遵循的模式。

圖2-2 企業轉型階段的經營概念

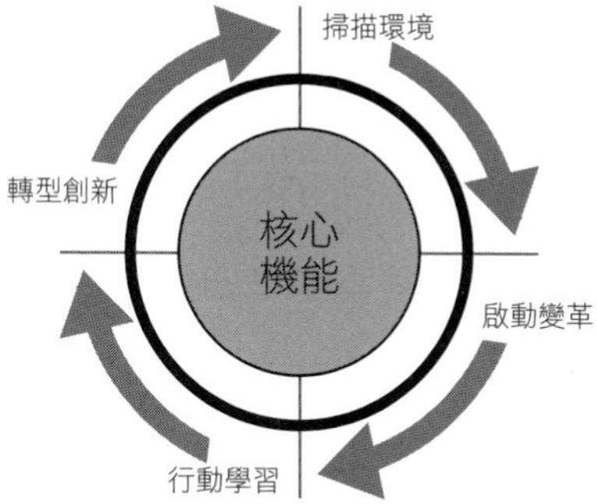

在環境變化快速，充滿不確定性的新時代，我們需要新的典範，以指引企業的經營。首先，我認為企業的存在，必須依賴一組核心的機能，以吸引組織成員，維持穩定的運作。核心機能包含了目的與政策、價值體系、共同信念、文化、使命與制度、領導和公司治理。

（一）掃描環境

由於環境變化快，現在企業必須設置類似雷達的機制，不停地掃描周遭影響企業發展的環境。最攸關企業發展的環境變化包含了產業技術變革、顧客需求演變，以及競爭對手策略等。過去三十年，大多數經營良好的企業都知道策略規畫的重要性，策略規畫開始於對內外環境的預測，藉以制定公司的中長期願景、目標和策略。在環境變動較慢時，以三年到五年為期所制定的策略，具有對組織提供方向的重要功能；不過，在目前環境變動快速的年代，預測三年、五年後的環境是一項困難的事。於是，科技公司開始出現以經常性的環境掃描做為規劃基礎的做法，其原則跟航管人員依賴雷達掃描以確知飛機位置一樣。

掃描環境包含了描述環境變動、顧客市場需求、趨勢、機會的種子，準確地看到技術的潛力。好的環境掃描機制，可以搶先發現一些變化，就如同春江水暖鴨先知，企業領導者必須對於產業發展趨勢掌握足夠的情報資訊。

有些長期變化是有跡可循的，例如天山積雪溶化是黃河水位上升的先兆，出生嬰兒資料決定了未來人口結構等，這些變化是可以很早預知的。但也有很多變化確實難以預估，例如科學的新發現和消費者的喜好等，只能靠敏銳的偵測和分析，現代市場情報分析工具可以協助企業強化這方面的能力。因為準確預測的困難度高，企業往往要假想幾種可能的情境，以探討可能的對策。

諸葛孔明與盲劍客

我小時候最愛看的書應該是《三國演義》了，如果書上記載屬實，諸葛孔明應該是當時非常了不起的人才，上通天文、下達地理，又能了解每一位屬下，借用別人的智慧和能力。由於他對自然界的了解，可以觀天象而借東風，火燒敵船，足智多謀。

同樣的，我也常為武俠電影的人物所吸引，記得一部武俠電影「盲劍客」，裡面主角是個瞎眼的俠客，靠著修練和獨有的聽力，可以同時對付好多敵手，他敏銳偵測環境的能力，令人不敢置信。當企業碰到需要緊急應變的狀況，就要靠諸葛孔明的先知先覺，以及盲劍客的敏銳反應，果斷地行動。

劇本式規劃（Scenario Planning）

由於環境的多變和難料，劇本式規劃（Scenario Planning）變成十分重要的做法，這個方法最先是由荷蘭皇家殼牌石油公司發展，用於幫助決策者列出可能的變數及因應之道。

所謂企業劇本管理，是針對未來可能影響企業甚劇、又參雜了許多不確定性因素的重要議題，預先規劃多個不同劇本，讓企業屆時可以隨實際情況的變化，在預先規劃的不同劇本之間切換。這有點像是一種情境演練或沙盤推演，可以讓企業對未來的幻想或推測更加精準。譬如，2003年SARS災情正熾的時候，許多企業因為工廠在大陸的災區，外面人員無法進入，但是又無法知道災情會不會蔓延惡化？會不會持續很久？企業便可以就SARS在大陸難以被控制、很快被控制或慢慢控制準備三個劇本，擬訂因應方案。像在未來幾年，會影響台灣企業經營環境的事項中，可能以對大陸的政策最具關鍵，而大陸政策不是台灣單方面就能決定的，所以企業可以就雙方達成合作的程度，分為水乳交融、相敬如賓、明爭暗鬥、互不往來等四種可能的結果，模擬公司相關的發展，據以規劃不同的對策。

（二）啟動變革

一旦企業發覺本身的條件已經無法適應新環境，就應該啟動變革。新世紀的挑戰正考驗著全球組織的設計極限，也揭開了過往管理模式的限制與鞭長莫及。啟動變革主要先要建立危機意識，激發組織成員改變的決心和熱情；接著要在組織內各重要的核心活動思考策略的創新，領導者必須率先改變、以身作則，並選擇優秀的變革種子或菁英，建立新團隊。領導者應以前瞻洞見，提出激勵人心的遠景和目標。美好的理想應該是真正值得員工付出熱情、發揮創意，並自然而然誘發人們的極致表現。負責惠普印表機事業的副總裁海克邦曾經說過：「如果你對未來的改變非常不明確，你能做的就是帶頭去改變。」

組織的變革

人類有一種異於大多數動物的行為，就是以團隊的力量，共同為某些特定目標而努力，不論這種團體是以宗族、部落、社群、城邦或國家的型態出現，一種結合眾人之智慧和能力共謀利益福祉的努力，在歷史發展的過程都扮演重要的角色。

企業的普及，主要是因為工業革命促使工廠規模擴大，企業為了提高生產的效能，開始以管理的觀念來擴大團體的力量。正由於企業的科學化管理，大型組織才變為專業而有績效，社會需要的功能逐漸由大型而專業的組織所擔任，即使是非營利的公益組織，諸如醫院、學校也朝大型組織發展。

企業是一種社會創新，就人類的歷史看來，是一項了不起的成就。諾貝爾獎得主坎尼斯·亞羅（Kenneth Arrow）曾表示：「運用組織以完成自己的目的者，乃是人類有史以來最大以及最早的真正創新。」而私人企業正是過去兩個世紀以來為了追求經濟績效的組織創新，企業是種混合式的公共團體，一方面講求階級制度，可是另一方面卻靈活地在市場中進行交易。由於這種創新，使企業組織蓬勃發展，促成近代的繁榮。

當時代又向前推進，工業時代的企業組織未必能繼續適用於新的財富創造體系，而這套新的財富創造體系，靠的是資料、創意、符號和象徵意義的快速交換與擴散，實體商品的生產和運送只占了很小的部分。這是創世紀的新型態，絕非我們以往所謂「非工業化」或「空洞化」或「經濟衰退」所能描述，而是邁入一個全新的經濟體系，這造就了我們所謂的「超象徵型的經濟」（Super Symbolic Economy）。大多數工作者將整日與象徵性的符號為伍，處理符號取代了處理實體商品，成為就業的新主流。

（三）行動學習

管理者的新挑戰在於組織能力的提升，身處一個全球競爭的知識經濟社會，企業必須是世界頂尖的知識應用者，而知識很容易過時，有用的知識必須時時更新。企業如何確保自己掌握足夠的知識？毫無疑問地，企業未來的勝負將取決於學習的能力。學習應該不限於課堂上課或培訓，而是針對不同的項目採用多元學習的方案。認知方面的學習固然可以用教課方式，經驗相關的技能則需要結合觀察、分析與實做，從做中學才能吸收到真正的經驗。

勤學活用

奇異（GE）前執行長威爾許（Jack Welch）曾說過：「組

織的學習能力，以及迅速將學習化為行動，乃最上乘之競爭優勢。」組織面臨前景不明的環境，需要一種動力和智慧來接受環境的考驗，組織必須建立優良的學習能力。學習的目的在於能夠迅速地用於解決問題和掌握新機會。許多優秀的公司都投下鉅資在人才的訓練上，例如新加坡航空公司，平均每年人事成本的15%花在訓練上，惠普在1990年代後期每年約花2億美元在教育訓練上面。關於學習相關的議題，本書第四章將有更深入的探討。

要有效地運用知識，首先要對知識本身的意義加以剖析，知識真正的意義到底是什麼？最容易讓我們想到的是對一些事物的了解，學校裡傳授的知識很大的部分是教我們了解世界的事物，包括大自然現象、人類歷史和政治法律等。在實務工作中，我們常需要學習如何做好一種工作的技能，例如車床的操作或電腦繪圖系統，在企業裡我們常稱之為「如何做的知識」（know-how）。課堂裡通常不講這些技能性的知識，唯有到實驗室、電腦教室或實習工廠才能真正學習到。知識也包括藉由觀察、分析和研究獲得的結果或法則。

在企業裡，知識是一種藉由分析資訊來掌握先機的能力，也是開創價值最直接的元素。一個知識工作者長久從事一些工作所累積下來的技能和專長，就構成專業知識的基礎。國際電腦公司（ICL, International Computers, Ltd）的未來學顧問修．麥唐納（Hugh McDonald），詮釋企業內的知識說：「所謂知識，是指企業裡面可以用來創造差別優勢（differential advantage）的東西。」

（四）轉型創新

科技公司的創新，主要來自於技術的研發，產品功能的推陳出新，使技術創新轉化成為利潤。不過創新並不限於產品本身，營運和管理也充滿創新的機會。企業組織的主要貢獻在於創新，不論是技術或產品，以及服務和營運模式，都有機會因創新而吸引顧客，創造市場。技術代表一種潛力，要經過行銷才能轉換為市場的需求和營收，行銷促使企業由終端使用者的需求看整個提供價值的體系。在提供使用者產品或服務的整個價值活動中，技術可以用來創新，把新的方法用在滿足顧客的需求。

創新（Innvoation）一詞的拉丁文為「Innovare」，意指「to make something new」，即將研發成果加以商品化以產生價值的過程，因此我們可說技術商品化是創新活動的核心部分。經濟學上，「創新」的觀念最早由古典學派的經濟學者熊彼得（Schumpeter）所提出，他認為創新是有效利用資源，以創新的生產方式來滿足市場需要，是經濟成長的原動力。我們可以簡單定義，「創新」是一種可以使企業資產再增添新價值的活動。當前企業普遍推動的持續改善，採廣義的定義，也可以被視為一種「創新」，亦即企業的創新活動在本質上就包含持續改善產品、製程、服務等。

創新的本質是運用新的方法完成一件工作，不論新產品研發、製程改善或讓顧客滿意都有無窮的創新機會。主管和員工如果能透過有系統的學習，將會發現內部、外部都有許多知識可以幫助公司的創新。像有些公司擅長於向顧客學習產品使用的知識，以做為產品創新的構想；有些公司則常年贊助大學的研究，並且積極將新的技術轉為商品。學習有助於企業及早知道技術的演進、人口結構的變化，以及新知識的應用等，學習可以加快知識的轉化，而知識的轉化則有效地開展了創新的機會。

領導組織轉型

組織轉型的靈魂人物毫無疑問就是最高領導者，領導企業轉型就像引導暴風中船隻轉向一樣，需要有經驗和能力的船長掌舵。變革管理中，舉凡使命與遠景的制定、溝通、管控，以及資源和優先順序的決定，在在都需要一位英明的指揮。如果船隻已經遇到風暴，船長別無選擇，必須採取與平常截然不同的方法帶引船隻度過難關。即使是一艘現代化的輪船，也要許多專業經理協助船長，他們是否能擔任轉向的重任，也關係著整個團隊的成敗。

領導人除了本身所建立的智慧和膽識外，如何培育優秀的團隊也是他責無旁貸的工作。現代企業往往設置專責的培訓部門，以協助領導者推動組織的學習方案。優秀的領導者重視學習，並期望成員隨時學習外界的知識，不要安逸地沉浸在原有的成就中而失去了進步的動力。

開放系統的創新

高科技產業的技術變化快速，產品生命週期縮短，很難由一家企業獨自發展所有需要的技術，因此與企業外部的合作變成常態。在新經濟時代，大量資訊的整合與管理將更為重要，而企業與供應廠商及顧客間的合作，也更需要加強，而網路軟體就是要讓企業達到資源整合，以及加強顧客與供應廠商合作的利器。受到網路科技的影響，帶動資訊科技（IT）新技術的突破，企業在觀察未來十年IT技術演進的同時，應該注意到數位知識與內容有價，以及以使用者為產品設計核心，與透過網路進行全球協同作業的工作型態，將改變未來企業對IT應用的看法。

惠普在電腦系統的創新方面，採取了開放創新的做法。惠普由於經常傾聽顧客的聲音，1980年代體察到UNIX和開放式的作業系統環境，將成為顧客的需求，於是，以開放架構尋求英特爾等合作伙伴共同發展，形成聯盟。而那個年代，所有的作業系統都是封閉式的專屬系統，因此要在新的電腦架構中支援開放系統，成為優先也深具挑戰的工作。在RISC（Reduced Instruction Set Computer，精簡指令集電腦）架構推出市面的前幾年，投入資金已超過5億美元，市場卻未能迅速接受，顧客抱著質疑的眼光，甚至一些美國知名媒體都以「世紀大賭注」或「RISC is RISK」（精簡指令就是危機）來形容這個計畫。幸虧這項開放創新的賭注押對了，惠普終於開始贏回顧客的信心，同時由於RISC架構在開放系統的技術規格上具有絕對的優勢，所以當世界資訊應用的潮流走向開放系統時，惠普就成為這一波成長的明星公司。

滾雪球效應變成雪崩現象

市場趨勢開始轉變時，最初也許只有少數企業警覺到，但當一項新的技術或方法漸漸得到使用者的喜歡，就會吸引一些公司進來開發，如果這些技術或方法成為市場的主流，標準化常會應運而生。當開發的公司聚在一起，制定出共同的標準時，滾雪球的效應就會出現，這些公司快速制定標準，吸引使用者購買，於是使用的人愈來愈多。單是滾雪球，占領一部分市場，影響可能還有限；但如果雪球大到撞擊山頭，形成雪崩，影響就十分快速驚人了，常讓產業界措手不及的往往是這種雪崩式的改變。

從電腦產業的變革來觀察，1980年代初期受到PC的衝擊，以及使用者強烈需求的影響，開放系統的觀念成為電腦系統發展的主流。這種開放系統強調軟硬體的相容性、可攜性、延展性以及不同系統的互通性，目標是讓使用者藉由開放規格，容易連結內部電腦系統以形成網路，同時在轉換不同品牌的電腦時，軟體的投資可以得到足夠的保障。PC和其他開放系統的潮流不但使資訊電腦產業掀起革命性的變化，更因開放系統的普及而催生了全球資訊網。

1994年是資訊產業震盪十分激烈的一年，原居於產業龍頭的IBM和迪吉多兩家公司，營運發生巨大的虧損，並先後撤換董事長和執行長，進行史上最大規模的重整和再造。不但IBM和迪吉多發生嚴重的問題，連世界上以製造大型電腦聞名的公司如CDC、優利系統（Unisys）、ICL、Bull等也都受到衝擊。相反地，生產PC、個人用周邊設備、套裝軟體和網路產品竄起的公司，如康柏、戴爾、宏碁、惠普、昇陽、微軟、甲骨文、思科等公司，在這個產業的震盪中獲得成長的力量，成為電腦產業的新星。整個產業的徹底顛覆，前後不過十年左右的時間，一個不起眼的雪球所累積的能量居然撼動了產業龍頭，引起巨大的雪崩，現在回顧起來，令人震驚。微軟、英特爾和許多現存的PC大廠都是大贏家，IBM和惠普則是少數歷經險境、轉型成功的大電腦公司。因為打不過他們，就只好加入他們。

自我組織與突變對現今許多行業很重要，因為它們能產生做夢也想不到的新路徑，以及超乎想像之外的新方法。舉例來說，當自我組織的Linux開放系統獨立程式設計師發展出全球伺服器軟體的主要程式碼時，他們仍不斷地尋找新做法，這些在網路上自願參加、自我組織的軟體工程師，以一種民主運作的方式制定協定，讓他們的應用軟體接受同儕評估，不斷演化。相較於大企業開發的商用伺服器軟體，Linux留下來的軟體反而更強大且錯誤較少。現在螞蟻雄兵正在尋找新的目的地，下一個廣為人知的決定，就是與微軟一派互相競爭，發展個人電腦的應用軟體。

擁抱競爭者的競合策略

當開放創新的策略應用在與合作夥伴的關係上，有時會形成既合作又競爭的有趣型態。在1970年代中期，惠普開始與佳能（Canon）合作研發可以用在迷你型電腦上的雷射印表機。1982年，兩家公司合作推出了第一部雷射印表機HP2680。這部印表機相當的經久耐用，列印時非常的安靜，清晰度高，速度也快。美中不足的是，它的體積比較龐大，像一座冰箱般大小，價格也較為昂貴，剛推出時要賣10萬美元一台，個人電腦的使用者當然買不起這種印表機。於是雙方再努力研製適合個人使用的產品，到了1987年，惠普與佳能共同推出了第二代雷射印表機（LaserJet II），剛一上市，就搶盡了其他雷射印表機的鋒頭。

在兩家公司共同研製雷射印表機的同時，惠普的實驗室偶然發現另一個印表機的技術，就是採用噴墨的方法。在第一個熱感噴墨式產品開發專案歷時四年的研發之後，惠普推出ThinkJet的熱感噴墨印表機。那時市場上，個人電腦使用者大多用日本製的撞擊式印表機，價格十分低廉，雷射印表機完全不是對手。惠普在這種壓力下，積極研發更新更快的噴墨印表機，當時決策主管面臨雷射和噴墨兩種產品可能互相競爭的兩難，必須做一個明快的決定。有遠見的惠普領導人從ThinkJet看出未來噴墨印表機將有更廣大的市場，不但可以進入消費者家庭，還可以列印彩色圖片，比當時的雷射印表機更具潛力。

相較於撞擊式印表機，噴墨式印表機可以提供更好的列印品質，更安靜的運作過程和操作環境，耗電量比一般的印表機低，而且列印效果極佳。看到這種種優勢後，經過一連串的分析和討論，惠普的領導人預見了噴墨式列印技術可能在未來市場上大放異彩，於是當機立斷，決定馬上展開研製噴墨式印表機的專案。為了讓噴墨印表機不受原有雷射團隊的干擾，特地將開發團隊由愛荷華州的波義西（Boise）遷往溫哥華，以便他們能獨立接受市場的考驗。同時，惠普得到佳能的同意，雙方在噴墨技術上並不合作。當時佳能也用類似的技術，研製低價的印表機，後來在市場上與惠普自由競爭。這種既合作又競爭的新現象，促成了更成功的創新。

創意往往需要市場的激發，像惠普的研發人員經常出去拜訪顧客、參加技術研討會和業務檢討會，仔細傾聽顧客和業務人員對產品的意見。

惠普還定期與重要大顧客進行技術圓桌會議，據說當年惠普與佳能就是在年度技術圓桌會議的簡報上，發現雙方都在開發個人用雷射印表機，且雙方有不同的優勢，有很好互補的機會，於是決定合作發展，最後創造了席捲全球的雷射印表機事業。而在噴墨印表機的市場上，雙方都有自己的產品計畫，由於預期會激烈競爭，所以在組織上設下「防火牆」，讓噴墨印表機團隊間競爭的敵意，沒有影響到雷射印表機團隊間的合作與信任，終於達成雙贏互惠的最佳結果。

策略創新與實現

在快速變化的環境中，企業要求生存，就得要有創新的思維。

運用兵家戰略，調整策略定位，重塑企業文化，

找回當年積極創造新價值的創業精神，

加上不斷觀察和思考，才能比別人更早看到機會。

前面兩章提到企業面臨前所未有的環境變革和典範移轉，在快速的變化中，企業要先求存活，必須要有創新的思維，最能適應變化的企業才有機會生存。策略的規畫和決策關係著企業的興亡，是近代企業領導者十分重要的任務。

早期研究策略的管理學者錢德勒（Alfred Chandler），利用杜邦和通用汽車等大型企業的案例，探討策略與組織結構的關係。奇異（GE）借重波士頓顧問集團（Boston Consulting Group）為其事業部門提出著名的「二乘二矩陣」，就是運用市場占有率與市場成長率兩象限，畫出各事業的所在位置，據以決定對應的資源投入策略。GE後來又與麥肯錫顧問公司（McKinsey）合作，以產業吸引力和公司競爭強度，發展成九個方格的GE矩陣模式，對於大型企業選擇事業部門有很重要的貢獻。其後，策略規畫研究所（Strategic Planning Institute）引進了一項叫PIMS（Profit of Market Strategy）的研究，以尋找並驗證影響利潤的最重要變數。該研究從不同的產業中，蒐集數百個事業單位的資料，以求證與獲利力有關的最重要變數，這些主要變數包括：市場占有率、產品品質等。他們發現一家公司的獲利力

（由稅前盈餘來衡量），會隨相關市場占有率提高而上升。

1980年代，國際競爭加劇，許多跨國公司尋找競爭策略，波特（Michael Porter）的《競爭策略》一書因而受到許多經營者的重視，後來波特又出版《競爭優勢》，一時洛陽紙貴，變成許多企業主管的重要指南。企業的優勢可以藉由許多新的想法、觀念取得，例如資訊科技的導入、價值聯盟網路的形成等。雅虎、亞馬遜、Google等新興公司迅速竄起，是因為它們創造出新的策略定位（strategic position）。與其攻擊那些依循既定策略定位的知名競爭者，這些產業革新者創造出全然不同的新定位，並以不一樣的遊戲規則來發展事業。由此觀之，新世紀企業成功的原因絕大部分是透過創造獨有的策略定位而來。

創新的來源

杜拉克曾於其著作中提到，創新的來源有下列七項：一、發生非預期的意外事件；二、出現不協調的情況；三、基於程序的需要；四、產業與市場發生改變；五、人口結構發生變化；六、認知的改變；七、出現新知識。許多企業擅長發現並掌握以上的機會，例如楊致遠和他的博士班同學，發覺網際網路的使用即將大量增加，需要一種目錄找尋網頁，因而創立了雅虎。很多企業創業成功的關鍵因素在於如何採取創新的經營策略，以因應快速變遷的市場需求。

大多數創業者一開始欲追求的利基市場，通常都不會引起大公司的注意，甚至面對一些可能有很高投資報酬率的小機會，大企業仍顯得意興闌珊，因為這類機會創造出的利潤，占他們龐大營收的比例微不足道。具內部創業文化的公司比較會產生新的事業，以惠普為例，惠普進入電腦的行業，完全是為了量測的自動化，惠普的創辦人惠克雖曾親自走訪迪吉多、王安等迷你電腦公司，試探併購的可能性，但是去過以後反而認為惠普不該進入電腦領域。惠普早期的努力，大多在製造能控制儀器的「控制器」。基於在工業控制方面的經驗，惠普的第一個迷你電腦系列2100是以即時作業系統RTE為主要特點，在科學和工程領域大受歡迎，可以說是由利基市場切入而成功的典範。

在領域的擴張上，惠普採取穩健保守的做法，只進入自己有足夠能力的領域。當一組研發人員以32位元開發「奧米茄」（Omega）的商用電腦時，惠普評估自己的資金不足以支持研發，而且欠缺大型商用電腦所需的軟體和服務團隊，因此決定放棄。反而是桌上型電腦和HP35掌上型電腦，率先成為替惠普創造利潤的產品。藉由這兩種產品，惠普積極建立大型積體電路的能力，後來才有機會與IBM、迪吉多在大型電腦上一較長短。

為市場帶來新價值

傾聽客戶的聲音，幫助惠普拓展新市場。HP35團隊就曾拜訪舊金山的梅西百貨，從他們經理的一番話了解了零售業的需求，當時經理說：「你們這些年輕小夥子難道不明白，除非店裡能時常有貨，否則我們是不做這筆生意的。」對惠普而言，將產品占滿貨架，當時是一個全新的觀念，但是為了能透過梅西這種有名的百貨公司銷售產品，就必須學會零售的物流管理。惠普能夠在零售的電腦市場也獲致成功，可能是在銷售掌上型計算機時，就已經學習到通路和零售的管理，特別是在物流和庫存管理上，比當時的電腦公司更能適應零售市場的需求。

創業，主要是利用新構想、進取心和努力工作來開創新事業，是一種無中生有的歷程。只要創業者具備求新求變的心態，以創造新價值的方式經營而追求利潤，這種過程就是企業家創業的精神。創業精神所關注的在於「是否創造新的價值」，而不在設立新公司，因此創業管理的關鍵在創業過程能否「將新事物帶入現存的市場活動中」，包括新產品或服務、新的管理制度、新的流程等。創業精神指的是一種追求機會的行為，這些機會還不存在於目前資源應用的範圍，但未來有可能創造資源應用的新價值。因此我們可以說，創業精神即是促成新事業形成、發展和成長的原動力。

策略思維

波特強調企業策略的擬定必須同時考慮企業本身、顧客、與競爭者之間的三邊關係。基本上，企業提供顧客價值，但競爭者也能提供類似的價值，企業應在增加顧客價值與降低成本之間選擇一種策略。波特後來又發表競爭五力的鑽石模型以及競爭優勢等理論，成為近二十年來最受重視的策略大師。晚近，研究企業策略變成管理學熱門的議題，學者認為企業的領導者應該制定創新的策略，在事業觀念和價值創造上，要能提出新的見解，而且要具有執行創新策略的能力。

像前面第一章提到的諾基亞，就是很好的例子。諾基亞在前執行長歐里拉的領導下轉型，導入市場導向和顧客至上的思維，成功化解存亡的危機，而它的成功就在於策略正確，讓公司的銷售量從1992年到1995年成長了一倍，讓公司價值成長為80億美元。

英特爾的策略轉折

為更深一層研究企業的應變管理，我曾詳閱英特爾公司的《我看英代爾》及《十倍速時代》兩本介紹英特爾的書，試從其相關產業經營管理典範中學習成功之道，我採用內容分析法研究，結果發現「變革管理」所占的篇幅最大。處在比以前快速變化的時代，英特爾也曾面臨過存亡危機。

在1980年前後，英特爾是全世界記憶體（RAM）的最大生產者，也很以此自傲，但自從日本也投資加入生產競爭後，價格慘跌，英特爾一時競爭不過，幾乎快垮掉。該公司當時面臨要在其所擅長的記憶體或市場尚未成熟的微處理器（Microprocessor CPU）二者間做一抉擇，公司上下也分成二派，看法不一，猶豫難決，後來派員到日本實地考察訪問評估後，自認難跟日本競爭，最後破斧沉舟，毅然關掉記憶體廠，而改投入微處理器的生產。此一急轉彎的變革結果相當成功，迄今英特爾已執全球產業牛耳，除超微（AMD）的產品占部分市占率外，世上所有微處理器幾乎都由英特爾壟斷。

英特爾擅長的變革管理先是注重環境變化的偵測，努力注意在行業裡有那些因素會影響未來的成敗；對於爭議性的看法，採用激烈而具建設性的辯論，每次都辯論很久，試圖釐清疑點，並獲致最佳解答；接下來就勇於啟動轉型。英特爾蘊藏的這種實力，使他們不但得以生存，而且還能獨霸一方，傲視群雄。

賽局理論

全球競爭激烈，促使企業一定要在經營策略上採用新思維，因此最近賽局理論（game theory）常被企業界用來制定競爭策略。一家企業若要與特定競爭者競爭，可以採用運動比賽或棋賽的決策模式，因為在對手尚未出手前，有經驗的教練和棋手通常會用未來可能的發展來思考下一個策略。

最典型的賽局分析是從雙方的可能對策去分析，以A和B為例，當A選擇A1時，B的對應是B1會產生一組結果，若B選擇B2時會產生另一組結果；同樣地，A選擇A2時，B也有兩種可能的選擇，於是產生以下四組可能：

	B=B1	B=B2
A=A1	A11: B11:	A12: B12:
A=A2	A21: B21:	A22: B22:

由四種不同結果，可以研判哪一種結果成為一個穩定均衡的狀況。對企業而言，若是均衡點對自己有利，就以均衡點為最上策，但若自己一味選擇對自己較佳的策略，對方為了回應，採取的做法可能反而對自己更不利。商場上競相殺價或拼命擴充產能，都有可能造成兩敗俱傷的結局，因此不是最佳的策略。高明的策略應該是雙贏或是對自己有利，但對方也無其他選擇的方案。賽局理論確實為企業提供了較理性的競爭決策，也有助於提高策略的品質。

在一對一的市場競爭中，賽局（或博弈）理論常用於擬定策略，把對方可能的因應策略列出，以找尋可能的穩定狀態，以訂價而言，雙方的利害關係就可以用獲利來表示。

惠普在台灣為了與IBM競爭，曾經在成立開放系統協會並擔任理事長一事上，思考、研判IBM的可能對策。以下用賽局理論的角度來分析：

	IBM參加	IBM不參加
HP主導	HP: 90 IBM: 70	HP: 50 IBM: 50
HP不主導	HP: 70 IBM: 80	HP: 40 IBM: 60

成立協會若能邀請IBM參加，可以增加協會的份量，但是考量到如果HP扮演主導角色，IBM是否會因此不參加，所以要先模擬IBM的反應，把每一個可能的情形列出，由兩家公司分別評估該結果對自身公司利益的高低，然後評分，以一百分為滿分。由模擬分析得到的結論是：不論HP是否主導，IBM參加都比不參加好，IBM應該以選擇參加為原則；同樣分析得知，不論IBM是否參加，HP主導都比不主導好，所以應選擇主導為原則，而HP主導且IBM參加會變成一個穩定的狀態，雙方都能接受這個狀態，後來證實確實就是這個結局。

活用兵法家的戰略

許多古代知名的軍事家所發展出來的戰略，已被廣泛運用在企業策略上，像西方的大戰略家克勞塞維奇（Karl Von Clausewitz）和中國的孫子就是最有名的大師。《孫子兵法》在全世界廣為流傳，也常出現在日常用語中，例如「知己知彼，百戰百勝」，就企業而言，就是要有足夠的資訊幫助擬訂決策，愈清楚市場的競爭者，就愈容易找到正確的方法。又如「攻心為上」，是指能夠讓對手心裡產生敬畏之心，進而放棄對抗，是為上策，不一定非要用戰爭的手段，另外在商場上則應該促成一種良性的競合，用合作取代對抗。好的將領，往往能瞭解形勢，審度敵我的狀況，構思優異的戰略；在行銷上負責領導的主管，必須做市場分析，以擬定行銷策略。

企業經營要服侍的對象是顧客，與戰爭中攻城掠地不同的是，顧客並不能用武力征服或占領，經營者更應該用聰明的方法取得顧客支持。孫子所講的道、天、地、時、法，正好是近代策略規畫中幾個重要部分，當中的「道」就是使命，一國之君必須有一個清楚的使命和目標，治國的方針和理念若是為了全民的福祉，才會得到民眾的愛戴和支持。

創新常指開拓新市場，掌握該利基領先者的機會，主要運用了兵家的迂迴戰略和集中戰略，亦即繞過敵人的主力，攻擊占領另外一個地方，並集結大批的人力和資源於此，像諾基亞的GSM手機和任天堂的Wii都是找到新市場而成功的典範。

企業要成功，勢必要有傑出領導的將領，帶領團隊朝向清楚的目標努力。

策略定位

企業通常選擇最適合的市場區隔，集中全力發展適合這個市場的產品，發展成為領先品牌，已成為近代行銷的戰略思想。下面的例子以電腦市場中的技術差異化程度為橫軸，客製化程度為縱軸，分析各主要電腦公司的定位。通常位於在角落的企業，容易靠一個利基占地為王，位於中間地帶則比較容易受到夾擊，

先看IBM的定位，IBM以提供資訊科技整體解決方案和委外服務給大型企業和組織為主要核心事業，附加價值高且針對特定顧客。為了真正解決顧客問題，IBM雇用資深的顧

圖 3-1　電腦市場各品牌之定位

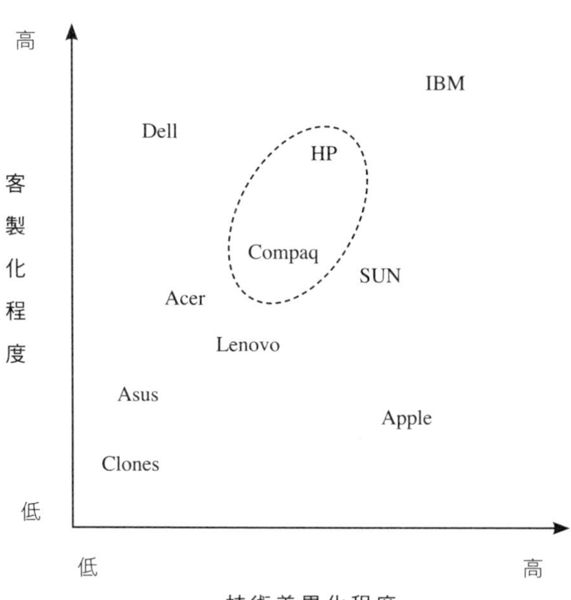

問，協助國際大企業建立電子化企業，更買下資誠（PWC）旗下的資訊科技顧問服務部門，強化顧問服務的實力。

昇陽（Sun）和蘋果（Apple）主要製造附加價值較高，具有特殊功能的電腦。昇陽以自有技術生產高階伺服器及工作站，但並未投資足夠的直銷和顧問服務，因此應用軟體開發和系統整合都倚賴第三者。蘋果一向開發功能先進但易用的產品，價格較高，供桌上排版或動畫影像處理等專業應用為主。

戴爾電腦採用網際網路搭配人員直銷，並為顧客量身訂製，依單生產，目前以生產較為低階的PC和伺服器給企業用戶為主，但非常積極往中高附加價值的市場推進。至於眾多的Wintel Clones製造廠則占據左下角，主要生產低價的標準電腦，透過零售商賣給消費大眾。

康柏和惠普分別占據較為中間的市場，在未與惠普合併前，康柏的主要營收來自中價位標準化的個人電腦和伺服器，幾乎全部經由經銷商賣出，不過經銷商規模大小不一，較缺少為顧客規劃和服務的能力。當戴爾等公司侵蝕康柏的企業市場時，康柏的占有率和利潤大幅滑落，因而急忙併購迪吉多和凌群（Tandem）兩家迷你電腦公司，準備往服務領域發展，可惜為時已晚。惠普擁有較高價值的伺服器，具備全球直銷和服務的團隊，但中低價位的產品備受戴爾以及微軟與英特爾合作模式（Wintel Clones）的競爭壓力，因此選擇與康柏合併，值得注意的是，惠普在2000年時也有意買下資誠資訊部門，但後來因一些因素放棄，當初的策略思考應該與IBM想法類似，認為要有足夠強的顧問群才能贏得這個市場的生意。合併後的新惠普具備了強大的全球組織與經銷通路，陣線變得更寬廣，但大部分的營收來自所謂的艱苦的中間地帶，必須面臨與戴爾激烈競爭。

宏碁歷經多年的努力，占據了Wintel Clones附近的部分市場，靠著品牌和創新的設計，生產附加價值和客製化程度較高的產品，但是也跟康柏一樣受到戴爾降價的衝擊。

從角落沿邊向中央挺進

戴爾利用直銷和依單生產的事業模式，占據了左上角的位置。近年來則積極向其他市場推進，提供大企業高附加價值且獨特的服務，同時派遣優秀的銷售和技術人員直接與顧客接觸。戴爾在中間地帶主要靠低價入侵惠普和康柏的地盤，但是也常力有未逮，像在大陸市場，企業大多要求電腦供應需經過其指定的經銷商，而且廣大的消費群沒有信用卡，加上物流效率低，很難用網路直銷。所以，前不久戴爾除了在大陸大舉雇用銷售人員外，還在七個大城市投資設立實體展示店面，想藉展示與試用引起使用者興趣，讓使用者願意用網路訂購，這種變通策略能否勝過聯想等當地通路商，仍有待觀察。

如同下圍棋時的策略思考，先占據角落比較易於防守以鞏固地盤，行有餘力才去占邊，最後是往中間地帶發展。IBM在出售個人電腦部門給聯想後，專注於顧問和服務，提供整體資訊方案給大型企業，等於固守了右上角獲利豐厚的領土；蘋果電腦堅持以創新差異的產品，爭取消費市場的顧客，所以是右下角的佼佼者；戴爾以為企業客製化的個人電腦和伺服器為主力；至於中原地帶，則有充滿變數的諸多角逐者。

昇陽公司未能用差異化的高檔伺服器保住江山，最後被軟體大廠甲骨文所併購（編注：該併購案已於2009年8月獲得美國司法部的批准）；宏碁併購捷威，在歐洲和美國市場大有斬獲；惠普併購EDS，增強其客製化和系統整合能力，以搶占一部分IBM的市場；至於個人電腦，惠普和其他中間地帶的大公司仍有一番激戰。

根據國際數據資訊（IDC）的調查，2009年第一季個人電腦市場占有率前四名分別是：惠普（20.5%）、戴爾（13.6%）、宏碁（11.6%）以及聯想（7.0%）。

創業家的精神

中大型企業常常陷入成長遲緩的困境，主要原因在於組織的龐大，使得企業對市場的反應太慢。事實上，許多成功企業在草創時，創辦人都有很強烈的理想和使命感，希望為人類創造新的產品或服務。他們會注意到顧客是誰？顧客需要什麼？他們能提供什麼去滿足顧客的需求？新公司的創辦人往往對提供一種新產品或新服務非常熱心，具有強烈的使命感，當機會之窗打開時，他們能義無反顧地投身其中，貢獻所能，因此中大型企業應該回頭學習新創公司的精神。

機會之窗常來自於技術的創新、經營的創意和顧客的需求。而事業觀念創新的關鍵在於，若非與眾不同，就不是好的策略，若要真正形成競爭優勢，策略就必須截然不同。

近年來，管理學者建議企業要審視企業創造價值的假設和理論，確定事業模式基本觀念的假設是正確的。《啟動革命》一書的作者哈默（Gary Hamel）認為，一個事業觀念包含了四大要素：核心策略（core strategy）、策略性資源（strategic resources）、顧客介面（customer interface）和價值網絡（value network），若這些元素本身創新，或者彼此之間的關連用不同的思維，都可以產生全新的事業模式。

網路創造新的事業模式

網際網路的普及創造了許多新的事業模式，例如網際網路拍賣的領導者eBay創造了顧客對顧客的線上市集，用來協助人們促成交易的方式和技能，完全不同於傳統的方法，這類的商業革命完全顛覆了過去的模式。

雅虎、eBay和Google等網路巨擘可以被歸類為一種新類型的商業組織，通常我們稱之為「資訊中介商」（infomediary）。資訊中介商的觀念首先由海格三世（John Hagel III）與雷波特（Jeggrey Rayport）於1997年提出，主要解釋電子商務交易中新增加的中間商角色。兩位研究者認為，隨著網際網路的普及，廠商十分重視網路消費者的背景資料和消費喜好等資訊，消費者則體察到自己相關資訊的價值，不願輕易把資訊交給廠商，因此出現了以仲介消費者資訊為主要活動的中間商。

創新的本質在於運用新的方法完成一件工作，不論新產品研發、製程改善或讓顧客滿意，都有無窮的機會創新，如果主管和員工都能透過有系統的學習，將會發現有許多內部和外部的知識，可以幫助公司創新。有些企業擅長向顧客學習產品使用的知識，做為產品創新的構想，例如長年贊助大學的研究，然後將發展出來的新技術轉化為商品。學習有助於企業及早知道技術的演進、人口結構的變化以及新知識的應用等，學習可以加快知識的轉化，而知識的轉化則有效地開展了創新的機會。

文化的傳承與改變

文化是一個組織既存的價值體系和行事風格，經過長期的運作，許多企業 都有明顯而根深柢固的文化。好的文化會凝聚員工的向心力，激發員工工作的熱情，但是隨著時代的改變，原有文化若不利於新時代的需求，文化也可能成為企業變革的阻力。

在台灣，不少委託代工製造（OEM）業績優異的公司，由於代工利潤轉趨微薄，高層決議轉向自有品牌發展，但是一開始改變就發現，最大的困難不是來自外部，而是公司內行之有年的習慣性思考。委託代工製造事業需要嚴格管理工廠的生產品質和交貨期限，並控制費用。因此主管大多是營運作業領域的好手；而發展自有品牌需要能了解市場需求、快速發展新產品，並且通曉行銷通路運作的事業經理人。如果原有的主管不願意帶動改變，徒有優異的策略也無法執行。

公司要轉型成功，先要進行文化上的檢視，看看哪些文化必須加以修正？哪些又需要重新建立？如果能維持傳統中可貴的價值觀，如專注工作，同時視新策略的需要注入新的文化，如顧客導向，逐步引導員工建立新的信念和價值觀，將有助於減少轉型時的阻力。

成功的領導者往往能看到別人沒有看到或注意到的趨勢，因此能充滿信心和熱情、及早投入，成為該領域的佼佼者。他們能具備產業的洞見，一方面是來自長久在產業內累積的經驗，對產業的動向和生態有深刻的了解；另一方面則基於思考和創意，對於尚未清楚顯現的現象能藉由深入的思考而預見，因為思考的過程中已反覆推敲，加上原本對該領域的知識，因而形成了洞見。

唯有具有觀察和思考的本領，比一般人更早看到機會，才能掌握先機，開展事業。

組織與領導

企業是近代人類在組織發展的一大創新，要靠組織資源和人才，來實現獲利的目標和願景。

當知識工作者成為企業主要的勞動力，

組織必須提供更大自由和彈性，

透過網際網路突破時間和地點的工作限制，

並用制度吸引和留住優秀員工。

在人類的歷史上，以組織達成特定目標可說是一大創新。人類很早就知道以組織來共同完成一些工作，部落、氏族在史前時代就已經存在，軍隊則是較大型的組織。通常組織的領導者會決定組織的方向和成效，甚至關係著組織的存亡，隨著歷史發展，藉由城邦和國家的成立，組織變得更為龐大而複雜。

企業組織

企業是近代人類在組織上的創新，以經濟利益為目標，把願景轉化為流程、工作，並組織資源和人才來實現理想。現在企業的型態，是歷經了四、五百年的時間才逐漸發展成功。在更早的人類史上，確實也有從事生產和買賣的組織，但並不是用股份公司的型態；在中古世紀，西歐出現由商人和工匠組成的自由城市，擺脫了封建制度的束縛，出現了議會和民主，因而促成公司的出現和地位。這要歸功於西方公民城市與統治者所形成的共生制度，他們體認到受法律保障的企業才能真正創造社會財富，在企業願意付稅和創造工作機會的前提下，統治者也願意給予企業更多的自主權，因此率先以法律保障公司的法人地位，公司才能免於政治的壓制。

法律的保障使西方商人能建立有效率的組織，將資源投入各種事業，創造輝煌的成果，並且建立了工業革命的基礎。不過，大多數的企業跟人一樣，有生老病死的階段，只有很少數的企業可以存活百年以上，即使法律已經給予企業生存的許多保障，企業連要生存超過五十年都很不容易。

荷蘭的殼牌石油公司曾經在1970年代做過一個大規模研究，發現企業的平均壽命只有十二年，即使列名財星五百大的公司，平均壽命也只有四十年。拿《財星》雜誌1967年和1997年的最大公司名單來做比較，可以發現大企業能夠占據市場領導地位的時間十分短暫，在1967年的五十大公司名單中，只有不到一半仍列名1997年的一百大公司。有一些公司在合併及購併中被吞食掉，有些滑落至很低的排名，有些公司甚至已不復存在。

如果我們以快速發展的電腦產業來看，改變更是驚人，根據Datamation期刊的資料，1975年十大電腦公司依營收排名，分別是IBM、Burroughs、Honeywell、Sperry Rand、Control Data、NCR、Group Bull、迪吉多、ICL和Nixdorf；到了1996年只有IBM和迪吉多還在前十大名單上；到了今天，連廸吉多也已經不存在了。由於時代改變，企業要時時能因應環境變化，組織要能經常創新，才能避免死亡的命運。

組織的創新

人類有一種願意交換的特質，只要社會出現協助交易的機制，很自然地就會促成分工合作，這個現象構成社會的基礎。兩百多年前，經濟學家亞當史密斯（Adam Smith）以交換和分工的原則寫成了舉世驚嘆的《國富論》，他認為，人與人呈正和的互動機會幾乎是無窮無盡的，人類在生活中所展現的創造能力，亦獨步於其他的動物。因此，人類所確認的機會往往激起發明和創新，並轉而創造出更多的機會，而這些技術變革又會引發人們新的需求，使用新產品或服務以滿足新的願望，資本主義的社會正受惠於這個創新的動能。

當今大型企業的組織絕大部分都是工業時代的產物，對於傳統大型和穩定成長的製造業而言，垂直整合的大型組織有其優勢，也是科學管理最能發揮的組織。

然而隨著經濟活動和工作者性質的改變，大型工業型組織漸漸不能適應現代的需求，人類社會因此嘗試著許多新的組織型態。新時代已經進入了以知識和服務為主要經濟活動的階段，知識工作者也變成勞動人口中最大的族群。以前為了提升工人生產力而建立的大型工業組織，不再是社會最需要的經濟機構，反而成為縮編和改造的對象。美國五百大企業最興盛時，曾經雇用全美30%的人力，現在則只雇用了10%左右。近來美國三大汽車廠都面臨生存的危機，尋求政府的紓困，競爭的壓力使大企業必須思考組織的創新和轉型。

常見的變革包括組織的扁平化、分權化、非正式化和臨時化，更進一步的發展，則包括了聯盟化和協同合作的趨勢。

簡單來講，企業過去是以資金的匯集和勞動力的分工為主，現在則重視專業人才的合作，企業要有足夠的競爭力，一定要努力網羅最好的人才，但是組織的兩難在於：組織成功要靠傑出的人才，但當成長的速度跟不上這些人才對升遷的期望時，又很容易失去傑出的人才。好的公司會用各種方式留住人才，包含分紅、購股權和良好的工作環境等。新世紀才上市的Google就是一家十分特別的公司，它的創辦人矢志建立一個全球的知識巨庫，所聘用的都是最優秀頂尖的人才，公司的管理特別講求自由與自主，以鼓勵員工想出各式各樣的新點子。

知識工作者需要彈性自由的組織

工業時代出現了結合資金、機器和大量勞工的工廠，而科學化的管理進一步形成專業分工，使大型企業取得規模經濟的優勢。原來從事農業的農村子弟或獨立工匠，紛紛加入大型工廠工作，人口大量集中到都市，藉由大都市的工商機能來生活。已開發國家的大多數人口都集中在城市，而且大多為組織工作，現代化社會已經成為組織的社會，人類所需的食衣住行育樂，幾乎都靠組織提供。然而工廠所發展出來的輸送帶裝配線，逼使工人重複做一些簡單而無聊的工作，並不符合人性的需求。因此，管理學者提倡用激勵的模式，讓團隊合作和個人誘因受到重視，也兼具了人性的關懷。

近年來大型組織的成長趨緩，在全球的競爭下，每家公司專注於核心能力的發展和核心競爭力的提升，將非核心的活動委外，或者由派遣公司派員來執行非核心的工作。知識密集型的企業，其創造價值和利潤的資源與工業組織並不相同，它們需要多元性的人才，而這些專業人才的工作，主要處理資訊或象徵性符號，工作型態與在工廠生產製造有很大的差別，過去科層式的組織顯然並不適用，必須採用新的管理制度，才能讓成員貢獻才華與能力，並鼓勵他們願意主動創新。

優秀的人才不喜歡指揮命令式的管理，如果要吸引他們，就必須使組織變得更自由和更具彈性。透過網際網路的強大功能，讓知識工作者的工作不再受時間、地點的限制，形成遠距合作的工作團隊，較符合知識工作者的期望。

組織結構變得與過去很不相同。組織的型態變得多元化，雖然還有金字塔層級式的組織存在，但也同時看到矩陣組織、網狀組織、虛擬組織、協合組織。在所有具體組織結構外，非正式的組織也發揮重要的功能。《大未來》作者托佛勒（Alvin Toffler）提到，官僚體系的運作猶如大象的緩慢、沉重再加上駱駝的智商。今天環境的快速改變需要快速的決策來因應，但權力鬥爭卻更拖慢了官僚體系的腳步，競爭需要不斷創新，但官僚式的權力卻扼殺創意，因此新時代將出現一些完全不同於官僚的組織。

自動團結的天性

有些高知識密集的行業，採取的運作方式是讓專業工作者獨立承接顧客生意，僅在行政、總務部分共享一個支援團隊，這種組織在會計、法律和管理顧問等行業都很常見。醫師也有組成聯合診所，除了一、兩位負責整體診所的行政和總務外，其他各科專業醫師幾乎獨立運作。

社會上的群體，有時會自發性地結合，有時是氣味相投，有時是基於共同的利益。研究動物行為的學者告訴我們，野雁排成人字型飛翔時，最前面的野雁並非如我們猜測的是帶頭的領導者，研究結果發現，雁群飛行速度可以達到單雁飛行的一點七倍，原因是前面領頭的野雁振翅引起的空氣浮力，可以節省後面兩隻的力氣，而後面兩隻振翅引起的空氣浮力又會幫助更後面的兩隻。野雁利用大自然的奧妙，輪流擔任辛苦的領頭工作，學者稱這種自然和諧的現象為「自由秩序」。在知識密集的大學裡，教授互相推選同僚輪流擔任系主任的方式，跟野雁輪流當頭，以節省其他成員飛翔的力氣一樣，雖然擔任行政工作十分辛苦，卻提供其他教授較好的任教環境和效率。

動物會自然聚在一起，有時是為了防禦其他動物的攻擊。單隻火蟻也許嚇不走獅子，如果聚集一萬隻火蟻，每隻都張開他們的利嘴，恐怕連最凶狠的獅子也會退讓三分。人類組成社會聚在一起，就是為了結合力量抵抗共同的敵人，像美國的汽車工會曾經強悍到讓所有美國汽車公司都束手無策，靠的就是工人集體的意志力和行動；而產業同業公會也會為共同利益一起游說立法，或爭取產業的權益，因為團結力量大。

善用網路強化溝通

自然產生的秩序，簡單但十分有效，像支撐全球經濟的許多市場，往往自然形成其錯綜複雜的互動和多樣性，即使沒有任何中央權力介入，仍能產生秩序。這些例子教導我們，只要細心觀察人性和人類行為，從中找出適合團隊合作和互惠的法則，就能在混亂且不斷改變的世界中，產生革命性的策略。

資訊和網路科技的突飛猛進，促使企業組織也迅速改變，企業重組、合併和分割等消息幾乎天天出現，可見這是個劇烈變化的環境。現在企業利用建置先進的軟體，以內部和外部的網路進行日常營運活動，就像現代化的民航機，多用電腦和連線的控制裝置來執行飛行控制，平時根據資訊自動判斷，必要時又能快速轉變為人工操作，以應付大風暴或緊急迫降等突發狀況。同樣的，企業的資訊網路系統在平時也應能提供經理人必要的環境資訊，當企業面臨重大威脅時，經理人必須做出即時的應變。比爾·蓋茲在他的《數位神經系統》一書中也提出類似的觀點，高階經理人必須從資訊的連線、分享和組織等方面來評估公司的企業智商（IQ），以瞭解公司對環境的反應能力。

自發性組織潛力無窮

第二次世界大戰後，民主成為世界性的風潮，個人的價值和潛力備受重視，藉由個體的努力和貢獻以達成群體的目標，這可能是人類史上最大規模的革命。在個人主義盛行下，由上而下的領導指揮仍然存在，但重要性隨時間遞減，反而是由下而上的各種團體成長快速，這些團體可能有一個清楚明確或者空泛的宗旨，足以吸引一群人用各種方式去進行，並邊做邊改，這種方式較符合人類的特性。

在自然界有很多複雜的系統都是由很小的單元組成，

即使最原始的生物也是由最基本的單細胞演化，但居然可以進化成非常複雜的人類，而人類身體的每個器官都是由細胞所組成。如果我們將個人視為社會團體的最小單元，人的集合就類似成千上萬的細胞群，如果設法讓他們互動合作，就會有意想不到的組合。

前面提到野雁和火蟻的實例，讓我們了解生物與生俱來就有合作的本能，若能善用人類合作的本能，將可產生驚人的效果。而人類也具有自我組織的傾向，有同樣想法或專業的人會自然聚在一起合作，互相幫助或共同抵禦外侮，像企業也常主動組成合作聯盟，以追求共同利益。

我個人有兩次從無到有創設協會的寶貴經驗，第一次是在1991年，為了結合台灣有志發展開放架構電腦的公司和使用者，成立中華民國開放系統協會。我在擔任理事長的四年時間，與許多志同道合的朋友為共同的理想努力。這個協會得到政府的支持，草擬了一份政府電腦採購共通規範，影響力超過我原先的期望。另一次是在1999年，與一些網路和電子商務相關的公司共同成立台北市消費者電子商務協會。當時電子商務正迅速興起，但是相關環境尚未成熟，這個協會聚集了許多有意加入的團體和個人，從一個只有十二家公司發起的協會組織，發展成台灣發行信賴標章的重要組織，還積極參與國際組織的活動。除了企業家加入，許多律師也主動參與，強化了法律人才的陣容，目前仍在成長中，未來的規模和成就難以預測。這兩次經驗都讓我體會到，自我組織和自發性團體的巨大潛能。

網際網路本身就是一個不斷擴充，但不需要依賴中心指揮的龐大基礎建設，正因為這種特質，網路上出現許多平等且具彈性的社群，自由軟體聯盟就是典型的例子。過去必須靠企業內部的僱用契約促成分工和整合，現在可以跨公司形成堅實的產業價值鏈和價值網絡，網際網路提供了協調跨公司合作的理想工具，讓企業間的系統可以銜接、即時互動，也降低了交易成本。

集權與分權的迷思

跨國企業必須要思考如何在集權與分權中取得平衡，不一定要偏向哪種模式。以惠普的經驗來說，當一個區域剛開始建立時，最好是採用集權的方式，這樣各地建立出來的營運模式會比較類似，尤其是管理制度與企業文化。譬如，人事制度雖然會須視各地情況做調整，但包括任用、薪資標準、目標管理等原則，都希望能遵循惠普在全世界通用的標準。

以宏碁歐洲為例，最早是在德國杜塞道夫設立歐洲總部，後來搬到荷蘭，之後再搬回德國，最後又搬到義大利，總部的地點換了好幾次，都是為了遷就當地的管理組織能力。根據施振榮先生的說法，宏碁起先把總部設在杜塞道夫，是因為日本同業都在杜塞道夫；後來因為發貨倉庫在荷蘭，而且併購了一家荷蘭的公司，所以就把總部搬到荷蘭；接著因為又併購了德國的經銷商，所以把總部轉到德國；後來收購德儀的筆記型電腦事業後，由於他們的經營團隊都在義大利，所以又把總部遷到義大利。宏碁在歐洲一直採取當地化的思考模式。

網狀組織

在經營環境不斷變化、競爭壓力加大、企業再造觀念盛行、資訊科技的衝擊等多重因素下，國際企業勢必要進行組織變革。目前許多國際企業已成為多元中心、異地分工、全球整合的跨國企業，再加上網際網路改變了世界，國際企業必須以新思維面對未來的挑戰與機會，資訊科技所扮演的角色更加重要。

新一代的組織型態為網狀組織，具備以下特性：一、非正式的扁平組織，深具彈性與靈活度；二、全方位的溝通；三、虛擬的團隊合作；四、跨國界的工作小組；五、結合供應商、經銷通路與顧客的電子社區；六、兼具經濟規模與客製化的優點。

跨國企業經常在不同國家進行不同的價值活動，例如，一部汽車在德國和義大利設計，主要零件來自日本，在泰國生產組裝，產品則在中國大陸銷售，這些產銷活動需要聯繫和協調，資訊科技可以提供良好的整合。全球出現了許多運用資訊科技做整合的網狀組織，像全球大電子公司紛紛採用SAP軟體負責採購、生產及配銷的整體營運補給系統，以達成全球產銷的目的；美國線上（AOL）發展海外業務，並提供全球資訊查詢服務；聯邦快遞（Fedex）送給主要客戶終端機和軟體，好讓客戶可以隨時透過網路查詢貨品交遞情形；美國航空公司（American Airlines）的訂位系統，也是藉由提供資訊給顧客，從而增加了占用率和利潤。

企業家精神

企業家精神（entrepreneurship）也可被譯為創業精神，指的是一種創新活動的過程，也就是創業者透過創新的手段，將資源做更有效的利用，為市場創造新的價值。雖然創業常常以開創新公司的方式開始，但創業精神不一定只存在新事業，一些成熟的組織，只要創新活動仍然旺盛，該組織依然具備創業精神。除了個人從事的創業活動外，企業以群體力量追求共同願景，從事組織創新活動，通常稱為企業的創業精神（corporate entrepreneurship），強調在已存的組織內部，以群體力量追求共同願景、從事組織創新活動，進而創造組織的新面貌。

創業主要利用新構想和進取心來開創新事業，是創業者依自己的想法 （ideas）及努力工作（hard working）來開創一個新事業，是一種無中生有的歷程。只要創業者具備求新求變的心態，以創造新價值的方式經營並追求利潤，這種過程就是充滿企業家或創業的精神。

企業家精神強調「是否創造新的價值」，而不在設立新公司，因此創業管理的關鍵在創業過程能否「將新事物帶入現存的市場活動中」，包括新產品或服務、新的管理制度、新的流程等。創業精神是一種追求機會的行為，這些機會還不存在於目前資源應用的範圍，但未來有可能創造資源應用的新價值，因此可以說，創業精神是促成新事業形成、發展和成長的原動力。目前已有許多公司設有創設新事業的機制，讓內部企業家（intrapreneur）可以獲得資源，開拓新機會。

太陽劇團的奇蹟

前不久有機會觀賞到舉世聞名的太陽劇團，這個創新的劇團擁有了不起的表演者和經營的團隊。記得有一個節目由一位年輕女郎表演，她不斷接起團員傳來的呼拉圈，還能以美妙的舞姿讓每個呼拉圈都隨音樂旋轉，居然最多可以同時轉動六個，不可思議的演出讓觀眾報以熱烈的掌聲，節目快結束時，她又把每一個呼拉圈拋給遠處的團員，動作精準、乾淨俐落。從小到大，看過多到數不清的馬戲表演，也看過同時拋出九個球的高手，但是太陽劇團配合音效和場景的整體演出，更令人折服。

管理大師杜拉克曾提到知識型企業可以師法交響樂團

或爵士樂團，我覺得厲害的高科技公司倒比較像馬戲團，在驚險萬分的環境下還能做出精采的演出。

在專業分工的組織裡，許多知識工作者喜歡有足夠的自主權，他們在清楚的任務分配下按照自己的方式工作，不但在專業領域上希望有所貢獻，也希望共同參與公司的決策。受到民主政治的影響，許多企業的員工也具備天賦人權的民主思維，認為身為團體的一份子，本來就有權參與公司的事務，他們的工作熱忱都從個人對群體的信念開始。領導者必須了解每個人都是可信賴也值得信賴的，不論公司是否雇用，對方在世界上都有其獨特的位置，只要某個人在你的工作團隊裡，他就是團隊中具正當性的一份子，對團隊來說是不可或缺的，必須在工作上發展出能反映這種信念的人際關係。

權力的下放與分享是知識型企業較能發揮效率的做法，員工不只是得到授權（delegation），事實上，他們期望得到權力的釋放，也就是賦權（empowerment）。賦權與傳統上講的授權並不相同，授權的權力，是經由上至下給予所產生；而賦權的權力來源，有點類似像「天賦人權」，是員工本來就應該具備的權力。基層的員工被賦予其負責領域的決定權和執行權，不必主管授權就能放手去做，主管則是加強此權力的功效，部屬的能力和創意因為有充分的自由而得以發揮，提高了工作的績效。像惠普的員工自主權相當大，公司很多的重要決策，都是讓員工自己去討論、去決定。

因為所有的知識工作者都希望能將自己的思考、規畫以及創意能發揮實踐出來，因此在未來的組織當中，「賦權」將成為留住人才的一個重要關鍵。

人才的新思維

在知識經濟時代，人才不再只是企業的資源，而是創造價值的主要來源，現在的管理學者普遍用人才資本（human capital）來表達這個思維。如同第二章提到，好的人才應該被稱為「才智之士」，他們本身就能創造機會和價值，在某種程度上相當於一家企業的資本，可以創造利潤。如果用80／20定律來看，公司內20%的人創造了80%的價值或利潤。因此比爾蓋茲曾說：「把微軟最頂尖20%的人才拿走，微軟就不再是這麼重要的公司了。」由於世界變平了，工作流動快速且容易，台灣企業也應該要有世界觀，懂得運用全球的傑出人才，把有特殊能力的人才吸引到台灣來工作。

網羅和吸引傑出人才

企業人力資源的觀念有三大改變：第一、吸引的是「才智之士」，而非勞工或一般事務性人員；第二、人力資源的思維轉變為人才資本的思維；第三、人力資源部門的角色，要由管理的角色演進到發展的角色。

購股選擇權是吸引和留住優秀員工的一個很好的方法，公司為員工從市場上買回公司股票，然後給員工選擇權憑證，選擇權的設計，讓員工往往願意多工作幾年，以獲得股價成長的利益。假如一位員工獲得一千股購股選擇權，要工作滿三年後才能全部兌現，如果這位員工十分優秀，績效也持續達成，第二年公司會給更多選擇權。假設第二年給兩千股，第三年又給三千股，年滿三年時，員工雖可兌現一千股，但另外的五千股仍無法兌現，如果員工繼續留在公司，不但有希望獲得五千股的機會，還可預期後面幾年會繼續獲得公司的購股權。

員工兌現時，公司賣出股票，這對公司的成本並未產生損失，唯一的成本只有利息，還有當股票下跌，員工不願

兌現時，公司賣出股票會產生價差。（請見圖4-1）

圖4-1　購股權的設計

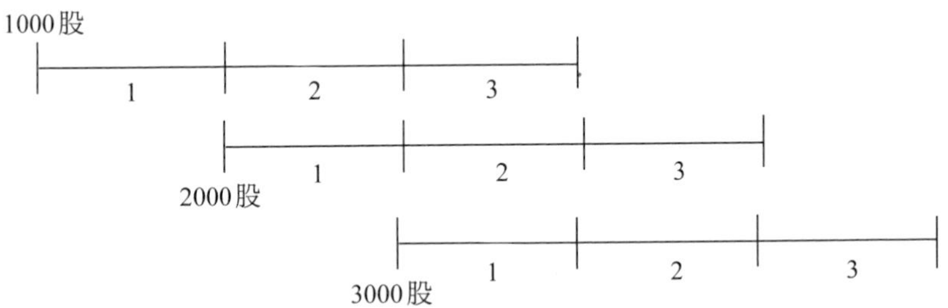

這個制度的設計在鼓勵員工為公司努力，並分享公司因股價上揚而獲得的利益，對股東而言，不會造成額外的負擔，所以是雙贏。不過，購股選擇權的分配必須能充分激勵公司內的關鍵人才，若只分給最高階層，往往會造成頭重腳輕的現象。

員工的品格操守

一個企業的成敗，固然與領導、決策的優劣有關，員工的品格操守更不可忽視。從我擔任董監事的經驗得知，許多台灣公司在海外經營出現不少員工貪污，使公司蒙受很大的損失。如何建立一個良好的組織風氣呢？領導者以身作則絕對是必要的，領導者如果喜歡欺瞞詐騙，要求部屬時自然沒有說服力。有些台灣的企業老闆很聰明，但他們常用些小聰明做假帳，除了避稅，有時甚至矇騙員工及股東，這樣的公司，部屬如果不「上行下效」，反而令人覺得意外。

領導者的操守、品格和他們的信譽一樣，需要長時間靠實際表現來累積，就像西方人為誠實下的一段評語：「你可以一時騙所有人，也可以騙一個人一輩子，但是你很難在所有的時間騙所有的人。」信用和信譽很像一張薄紙，輕輕一刺就有可能破掉。員工之間的信賴和承諾，是競爭者難以仿效的。唯有組織內部擁有公平正義的環境，才能使員工全然的奉獻與付出。

知識工作者受到新世界的思潮影響，普遍期待公司能公平對待員工，所以除了在制度設計上注重實質的公平，也要符合程序正義，諸如升遷、加薪等，也要有清楚的程序和規範。值得注意的是，知識工作者除了要求切身相關的事要公平正義外，即使與自己利益無關，也會觀察公司的做法是否公平合理。

「學習」啟動改變

行為心理學家認為，學習是一種經由親身經驗，使行為發生恆久改變的過程。學習啟動改變，改變必須是相當穩定且持久；當行為產生改變時，表示學習已經產生效果。如果一個人僅在思考過程或態度上有所改變，但行為卻與以往相同，就不算是成功的學習。

由於知識快速更新，人們也希望藉由知識的增長而獲得更好的生涯，新世紀的工作者普遍接受在職進修教育，甚至願意中斷不錯的工作，抽出幾年的時間，攻讀更高的學位。我們周遭都可以看到正在進修某些學位的朋友；在先進的國家，各式各樣的在職教育吸引了成千上萬的工作者，可見終生學習已經成為一種趨勢。

另一個促成終生學習的重要因素，是人類的平均壽命和工作年數都在增加中。三十年前，典型的企業工作者工作到六十歲就退休；現在很多人從原先工作退下後又從事另一項工作，企業的平均壽命反而比不過知識工作者的工作年數。大多數人無法期待一份從畢業做到退休的工作，他們必須學習各種知識技能，為將來的工作做準備。終生學習和工作意義，使現代的知識工作者的表現與以前的受雇者截然不同，優秀的人才往往把工作與學習結合在一起，工作的樂趣就在經常學習新事物和新技能。

主管的「學問」在「學」習發「問」

在指揮命令型的傳統組織裡，主管掌握了權力就好像可以任意發號施令，於是漸漸形成唯主管意見是從的組織氣候，這種組織裡的主管常自以為什麼都懂，什麼事都要管，因此被員工形容為「官大學問大」。然而自滿和過度自信常讓人不自覺地關閉了學習之門，這是當主管的大忌。

現代組織裡的主管應該重視學習，多向部屬和外界請教，不能只侷限於自己的觀點。如果從字面看「學問」兩個字，主管的學問應該在學習發問，經常請教員工才對，問對問題、虛心聆聽是主管首先要學的兩件事。當我發現主管擔任主席時發表了太多意見，就會要求他不可就討論的內容發言，只能善盡主席監督議程的責任，這樣他才有機會認真聽別人的發言，讓成員充分討論以收集思廣益之效。另外，會議前做好資料的蒐集，常是形成共識的基礎，唯有努力學習，主管參加會議的收穫才會很多。

孔子曾說:「知之為知之,不知為不知,是知也。」西方哲聖蘇格拉底(Socrates)也說過:「我唯一知道的是我什麼都不知道。」英國首相狄斯雷利(Benjamin Disraeli)則提到:「開始察覺自己對事實的無知,乃是取得知識的一大進步。」這些歷史上的偉人都承認自己知識的不足,也認為人應該承認自己所知有限。正是知道自己的無知,領導人才能努力從別人身上學習,發問是領導人學習的一個重要的功課,藉由發問,每天都可以增廣見聞,也可以幫助主管從員工的專業中吸取跟公司成敗有關的訊息。

許多企業領導人往往到達一個自認成功的境界後就不再學習,甚至聽不進員工或朋友的意見,他們自以為是的心態往往造成企業日見式微。為了建立學習型組織,領導者必須以身作則,由組織內外吸收知識,強化自己的學習能力。

組織學習的實踐

組織學習與組織再造為近年來企業經營者關心的熱門話題。以組織學習而言,重視控制、影響和指導的學習曲線已成為過去式;著重啟迪、發展,並善用個人與生俱來的特點,將成為未來的主流。

組織學習指的是組織透過知識、資訊的理解和分享，改變組織行為的過程。組織要如何積極學習，在這一波知識經濟體系裡成為贏家？除了上述領導者的意志力和領導能力外，還要看組織能否建立一個學習的文化和體系，學習需要良好的環境和激勵，企業應該設計好的制度以激發全體成員的學習精神。學習的基本意義是從認知或者經驗中產生行為上的改變。對於一個組織而言，運用各種方法產生影響，以改變整個組織的行為可說是組織學習的目的。企業為了強化知識的創造與運用，現在大多已經注意到員工持續學習的重要性，並且編列較多的預算用於員工的學習。學習的方式與技術日新月異，例如行動學習就是一種結合理論探討和實際行動的新做法。

多元學習成為趨勢

學習或知識的取得，對知識管理而言是最大的挑戰。智慧財產的維護、資訊的耕耘和收成、智慧資本的運用，以及在智慧資產上不輸給競爭對手，都是知識管理的重要課題。不過，這一切都必須以學習為前提。少了學習，智慧財產、資本及資產便難以發揮效用。

學習的方式有很多種，常見的學習行為包含觀察、認知、理解、記憶、模仿、實做、推論、創造等。根據行為學者的研究，每個人適合的學習模式並不盡相同，有些人適合由認知、理解和記憶來學習；有些人從觀察和模仿學習；有些人則由動手實做學習。企業應該了解學習方式的多元對員工來說是很重要的。近年來，學習對於企業重要性大為提升，好的企業每年編列相當多的經費做為員工培訓之用，人力資源也費盡心思尋找更具成效的培訓方案。

根據我多年的實務經驗，學習方式和管道的多元化已經是一個明顯的趨勢。過去純粹由課堂教學或主管傳授的方式已經難以滿足多元的需求，為了加快組織學習的效果，高階主管開始重視一些新的學習模式，例如行動學習、標竿學習和模擬遊戲等，其中行動學習是組織變革時很理想的培訓方式。

在推動變革的過程中，不光是把員工送去上課、要求他們閱讀相關書籍，或是測試他們理解的程度，組織變革要成功，還必須讓他們從實際操作及工作表現上學習，公司則要提供所需的協助。

圖4-2 企業的多元學習

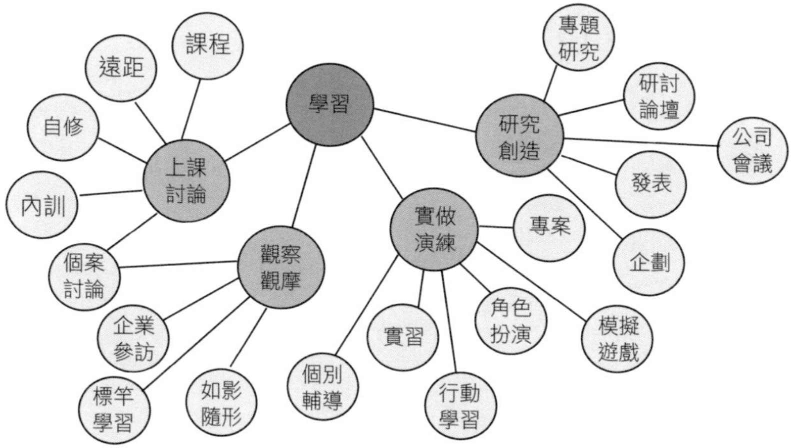

接班梯隊的養成

高階主管在企業中擔任領航的重要工作，不但要領導企業的團隊達成營運的高績效目標，還必須審視內外部環境的變化，擬定公司的方向，促成組織的創新與變革。在知識經濟時代，企業創造價值的主要來源在人才和知識，如何透過組織的創新產生對顧客的價值，將是勝負的關鍵。領導者必須積極帶動組織學習，鼓勵組織成員從內部、外部吸收並發展新知識，把創意帶到組織各部門，強化核心能耐。

組織的結構必須十分具有彈性，以因應環境的變化，同時組織不必如過去有一定的架構，以網路型態或動態的組織較能適應如今多變的需求。許多任務導向的臨時性組織必須結合不同專業，共同完成一個特定任務，組織內成員參加幾個不同的專業團隊將是很普遍的事。這類的組織不講究職位層級而以專業知識為組成的基礎，成員之間地位平等，也會隨需要而增減成員人數。

企業將需要全面性培養各層領導者，形成領導梯隊，接班梯隊的培訓變成重要課題。

行動學習是高階培訓的最佳方式

人們在行動的同時也在學習，學習是指一個人從經驗中改變行為，因為人們絕大部分的行為是學習而來。學習理論學家認為，人的學習是驅策力、刺激、線索、反應與強化交互作用而產生的。

利用行動學習啟動變革，最成功的案例應該是奇異前董事長威爾許所推動的「Work Out」方案。威爾許在1980年代初體認到奇異要轉型和變革，必須靠全體員工的智慧，但是當時奇異就像許多傳統製造公司一樣，都是用威權和指揮命令的方式管理，如果不改變做法，將難以在知識經濟時代中求勝。於是，他大力鼓吹聆聽基層的聲音，要求主管給予基層主管和員工提出工作改善建言的機會，並藉由推動專案來加速學習，以達到從做中學的成效。威爾許自己也花很多時間，在公司內部的經理課程中傳授實用的管理經驗。奇異在過去二十年間令人推崇的改革成效，跟這種結合實務的學習方案密不可分。

行動學習的實踐

通常公司要實現突破性策略的重要計畫時，就會推動行動學習，例如一家國內的本土企業決心要走向國際，或者一家製造公司要轉型為服務業，這麼大的轉變除了挖角的手段外，利用行動學習培養自己的人才，也是很可行的方案。

我在惠普台灣分公司擔任總經理時，曾接受政大司徒達賢教授的建議，為新的團隊組織了兩個行動學習方案，在司徒達賢教授的指導下，經過半年，成效極佳。當時公司在進行策略規畫時，利用行動學習不只有助於推動創新的措施，更加快了高階主管在新職務上的學習速度，因為對主管而言，這種專案形式的學習比較容易激發他們的興趣和熱忱。

根據日本知名管理學者野中郁次郎（Ikujiro Nonaka）和竹內弘高（Hirotaka Takeuchi）對成功的日本企業所進行的研究發現，有價值的知識大多是特定情境下的知識，也就是企業實際從事某一件工作或創新時所需的獨特知識。在實務界，常可聽到經理人抱怨學校傳授的知識無法應用於工作上，企業界正好可以藉由行動學習專案，啟動對特定知識的學習，把實際工作所吸收的知識加以系統化地整理與吸收，發展成公司內最有價值的知識。

以下是進行行動學習的典型流程：

一、選定主題

二、決定團隊成員及角色

三、準備必要的資訊

四、起跑會議（kick-off meeting）

五、議題研究

六、策略討論

七、計畫與執行

八、知識整理與應用

九、檢討與改進

十、總結報告

5

技術預測與發明

技術的突破，往往是創新事業的成長動力，

研究成果轉化為實際應用，創新事業也應運而生。

在大學育成中心和科技園區的孕育下，掀起了青年創業的熱潮，

也誕生了矽谷奇蹟。

技術的突破，往往是企業藉以成長的動力，矽谷的崛起，可以說是由電子、半導體和資訊相關技術所帶動。台灣發展高科技產業，造就了許多成功的企業，科技產品出口幾乎占了台灣總出口的40%。但是科技的技術演變太快，使得科技公司也面臨到產業生命週期短促、研發費用難以回收等挑戰。

科技的躍進

十八、九世紀科技的發展促成了工業革命，先進工業國以資金建立起大量生產的企業型態，形成工業社會；二十世紀初期，內燃機、電機和鐵路等技術，造就大型工廠的出現，開展了一波企業大型化的潮流；二十世紀下半葉，另一波科技的大躍進，掀起了經濟的快速成長，大多數工業國的生產力進一步提升。不同於工業革命的是：這一波的科技不只用於製造，也廣泛地用於各種辦公室和服務性的工作。

美國在第二次世界大戰後，勞動人口開始移動，製造業所需的勞工逐年下降，而新增的工作大多是以資訊為基礎的工作。如同史丹佛大學教授巴利（Stephen Barley）在一項美國就業人口研究中提到的，美國在上世紀結束前，處理資訊為主的銷售、經營、管理、財務等工作者人數增加了59%，美國其實已經率先進入知識經濟的時代。網際網路和無線通訊等技術的結合掀起另一波巨浪，可能將人類社會推進到另一個完全不同的型態，而這些重大演變應從資訊革命談起。

電腦發明掀起資訊革命

這波資訊革命是由數位電子的發明所帶動的，起源自電子計算機的發展，早在第二次世界大戰前就有很多針對快速運算機器的研究，直到1946年，一群賓州大學的學者專家接受美國國防部委託，製造了第一部全電子式的計算機ENIAC，開創了人類的電腦新紀元。這部計算機運用真空管、繼電器的線路，讓人類可以高速地進行0與1二位元的運算，完成科學與工程的資料處理。電腦發展的構想起源於二次世界大戰期間，目的在破解德國和日本的密碼，並計算大砲射擊的程序，雖然戰爭期間未開發完成，國防部仍繼續支持研發的經費。

1960年代，IBM公司首先以當時十分尖端的電晶體技術製造出IBM360全電晶體電腦，不但體積大為縮小，價格也比第一代真空管電腦降低很多，促使企業爭相採購，用來做材料庫存管理與顧客訂單處理等。

1970年代，德州儀器（TI）等公司發展的積體電路進一步縮小電子線路，但功能反而倍增，於是迪吉多和惠普等公司利用積體電路製造迷你電腦，提供分散式即時作業的功能，使企業可以大量應用在工廠的製造生產與設計，以及各種即時服務上，因而生產力大增。

到了1980年代，英特爾等公司發展出微處理器，更進一步促成個人電腦（PC）的誕生。初期的個人電腦功能有限，但微處理器的功能與績效就像「摩爾定律」所預測的，每十八個月就會增加一倍，短短幾年，個人電腦就具備了早期大型電腦的威力。而企業為了提高員工生產力，購買了無數的個人電腦與周邊設備。

微處理器的發明，讓電腦迅速普及，微軟推出的視窗作業系統很快地將文書處理和其他應用系統推廣到辦公室市場，創造了個人電腦的全球市場。技術的功能愈強，使用技術的個人力量就愈大，同樣地，當電腦處理現代生活錯綜複雜事務的能耐愈大，使用電腦的人就愈有餘裕從事其他創意開發的工作。

資訊就是力量，而現在資訊不再把持於少數人之手，企業裡員工不但用電腦來工作，還透過網路與企業內外部的夥伴、朋友溝通。在二十一世紀的全球經濟網中，資訊科技必然是推動改變的主力，就如同製造業曾是工業時代的主要動力一樣。

市場是技術創新最佳來源

在第三章曾提到，創新是指將研發成果加以商品化的過程，因此可以說技術商品化是創新活動的核心，創新也指有效利用資源，以新的生產方式來滿足市場需要。因此，可以簡單定義，「創新」是一種可以使企業資產再增添新價值的活動，包含了新產品研發、流程改善以及新的服務項目等。

創新的目的不外乎是想提升企業的獲利能力，創造新價值給顧客，並增進員工的報酬，但是創新不見得都能達到預期的目的，還必須學習如何掌握市場的機會。創造產品的新概念或新的程序、方法，只能被視為研究發展的功能，還必須藉由其他努力將新產品、程序或服務帶到市場上，進而產生利益。

創新的價值在為市場創造新的產品或服務，而且必須獲得顧客的肯定和使用，所以了解市場和顧客需求十分重要。根據美國商業部（U. S. Department of Commerce）過去幾年所做的調查結果顯示，即使是專利的產品與流程，大多源自市場的需求，而非僅是技術的需求。另一項大規模的學術研究發現，企業重大產品創新的構想，有50%左右源自顧客；至於小的產品改善創意，幾乎90%來自顧客的建議。企業界人士必須更加了解市場的動態，市場是創新構想最有力的來源。

歐洲曾經在技術創新上獨步全球，但第二次世界大戰後，在許多高科技領域卻漸被美國所超越，而美國企業重視行銷是一大關鍵因素。在一項比較歐美技術發展的研究中發現，戰後各國的發明，有十九項是美國的發明，十項是西歐國家（英國、法國和德國等）的發明，但這二十九項技術中，從後來整體發展的效益來看，美國有二十二項居領導地位，歐洲國家卻總共只有七項領先，也就是說，即使有些項目是西歐的發明，美國卻能急起直追，後來居上。研究發現，美國和西歐在技術上的差異完全是行銷導致的結果，差別在於把新技術轉變為經濟生產力的能力。

聆聽顧客產生創意

創新的行銷要點，不在分食舊有市場的大餅，而在於創造新的需求和顧客。英特爾用微處理器創造了個人電腦的需求，他們靠著一連串的市場教育與傳播來行銷產品，先針對從事設計的工程師，再由媒體逐步傳播。SONY的隨身聽也是一種新生活型態的創造者，開展了人們新的期望。IBM以電晶體成功設計出360電腦，他們的行銷和服務也是公認一流。微軟技術雖有部分是獨有的發明，但很多都是因應市場需求而做的改善。重點是能否快速發展出顧客要的東西，而非只追求技術的優異。一個產品的成功往往在能真正切合顧客的需求，那麼如何知道顧客的需求呢？包括進行市場調查、消費者研究或焦點團體都是常見的方法，平常日積月累得到顧客的資訊也是寶貴的知識來源。

我在擔任資策會董事長期間，台灣微軟邀請我進行訪談，並說明他們的訪談方式，是由全球選出各地的意見領袖，徵詢他們對微軟的改善建議。我被他們認真的態度所感動，在訪談前做了充分的準備，也向他們提供中肯的建議。過了兩、三週，微軟又打電話來，希望就第一次訪談的部分議題再來請教，並希望能錄影，做為給高層的參考。我在惠普的全球總經理會議中也看過重要客戶CEO談話的錄影，認為這麼做有助於企業改進營運，因此欣然答應。成功的公司會運用各種方法了解顧客的想法，千方百計地從他們身上尋求創意的點子。

企業積極地聆聽顧客的意見，尋找能讓顧客特別感動的機會，最認真的聆聽常被稱為「天真地聽」或「洗耳恭聽」，就是不預設立場，或者自以為知道答案，假裝自己對顧客反應的事並不知道，用一些話鼓勵顧客，例如「您的想法很特別，可否告訴我您為什麼有這樣的想法？」像諾基亞為了全心發展無線手機業務，曾經動員員工訪談無數的消費者，巨細靡遺地詢問他們關於打電話的行為和期望，獲得了十分寶貴的資訊，因此能設計出特別好用的手機。諾基亞固然掌握了GSM最新的數位手機技術，但新技術只是一種潛力，能把這項潛力轉變成真正生意要靠行銷，尤其是創新行銷（innovative marketing）才能為顧客創造新認知，並衍生出新的滿足。

善用「想像工程」

了解顧客的需求後，能夠運用技術上的知識，結合成具有原創性和突破性的產品構想，是那些傑出研發團隊的獨特能力。為了符合顧客的期望，行銷人員常常與研發人員一起討論，有些公司把這個過程稱為想像工程（imagineering）。最暢銷的產品不必然都用到最先端的科技，反而是簡單的好點子會獲得最多顧客的喜愛。有些產品的絕妙點子出自個人的靈感，有些則經由團隊腦力激盪產生，還有一些是無意中發現，當然想像的產品和服務也要經過焦點團體、市場測試和電腦模擬等步驟，才能增加成功的機率。

惠普科技的研發主管建議工程師，要用想像力來了解顧客未被滿足的需求，他們以IU^3N這個很工程化的縮寫來讓員工容易記住，其完整的英文是Imaginative Understanding of Unmet Users' Need。真正的用意在一方面深入了解顧客有哪些潛在的需求，另一方面用自己技術上的知識來想像顧客要的是什麼產品？哪些科技可以滿足他們？對於新的科技產品而言，消費者通常不知道他們的問題有哪些科技可以解決，研發和行銷人員必須積極聆聽與溝通，才能發現新產品的契機。

洞見未來的科技趨勢

當然，了解顧客需求，並提出初步構想後，也必須知道有哪些技術可以解決。企業家必須學會了解技術的動態，預期技術的發展方向和速度。以電腦的儲存技術而言，經過磁芯線圈、磁帶、硬碟、軟碟、DRAM、Flash等不同技術的快速汰舊換新，影響了許多企業的存亡。身處於迅速創新、快速改變的新興經濟裡，企業家必須要能預期技術的發展，並充分利用技術發展所帶來的機會。

具有洞見的企業家，往往比別人更早看出技術的發展潛能，像SONY創辦人盛田昭夫和創業夥伴比大多數人更早看出電晶體收音機的機會；施振榮創立宏碁時，確信微處理技術將會改變世界；合勤的朱順一回台創業，堅信人們需要高速的數據傳輸機，他們都是能從一顆種子看到未來變成大樹的先知，而這種預見未來的本領，帶給他們別人所未有的機會。

但是要「預測」技術趨勢，就得知道某種技術會有何種改變及發生時機，事實上很少有人能正確預估。但技術的動態並非深不可測，我們還是可以知道哪些技術變革可能發生？哪些改變可能對經濟產生重大影響？也就是說，我們可以察覺哪些技術變革會衍生新產業？這類改變是否確定會來臨，還是根本已經迫在眉睫？

成功的企業家分析技術變化，並不只是科學流程，也不是單憑直覺，而是經過一些真正的分析思考的過程。通常他們會一再詢問自己或請問專家：新產業或新製程的機會何在？哪些技術會對既有產業和製程的重要需求產生巨大的影響？哪些新知識或新觀念會改變產業的遊戲規則？經由有系統的尋求這些問題的答案，成功的企業家可以較早掌握技術的脈動。經過適當的練習，每個公司都可透過系統化的步驟去尋找新知識，並留意新知識轉變為技術的最初跡象，因此預測技術的動向。要注意的是，類似微處理器的這種新技術，特別具備破壞性創新的潛力。

鼓勵內部創業家

技術的演進刺激許多創新的構想，但要真正創造成功的事業，往往得憑藉創業家的辛勤耕耘。創業家從技術和市場看出新機會，然後延攬團隊、募集資金，化機會為真實的生意。創業往往面臨困難和風險，唯有意志堅強、目標明確的人，才有機會實現夢想。

公司如果能形成鼓勵創新和嘗試的組織氣候，常會產生意想不到的結果。惠普給研發人員很大的自由和彈性，因此內部創業的例子很多，例如豪斯（Chuck House）是惠普在創新和創業家精神方面的英雄人物，早期他參與示波器的開發，發明了一些新功能，包含精確量測波形中任兩點的時間，以及可以儲存波形做事後分析的示波器，使惠普在示波器市場的占有率節節上升。但是，太克（Tektronix）公司的示波器不論在專利技術或市場風評都比惠普好，惠普很難在短時間內追趕過去。

豪斯在擔任示波器研發主管時，發現CRT的研究讓他們具備了一些獨有的知識，可以製造另一種儀器，即XY顯示器。基本上示波器顯示的是電波隨時間改變的波形，對於電機電子的研究很有幫助，但是無法滿足一些實驗室需要顯示其他物理現象的需求，而這類實驗室用的XY記錄器速度很慢，拉長了實驗所需的時間。當豪斯開發出可以即時顯示的XY顯示器時，他的上司並不認為這項新產品可以創造足夠的銷售，因此拒絕了他的建議，後來豪斯向更高層的主管爭取，但也未獲同意。於是他承擔失敗的風險，瞞著上司生產了一些樣品，再利用自己的休假帶著樣品去拜訪潛在客戶，後來終於成功建立了新的產品線。

惠普創辦人普克特地頒給豪斯一個獎牌，理由是：「驚人地輕視、違抗命令，超越工程職務正常的需求。」豪斯傑出貢獻讓他升任研發經理。幾年後，他又發現研究數位技術的工程師需要另一種形式的儀器，於是聚集手下的工程師，發展出第一部邏輯狀態分析儀（Logic State Analyzer），讓惠普得以率先推出，並一直是這類產品的領先品牌，由於這些新產品線，惠普的業績和名聲後來遠超過太克。

傑出的員工可以扮演內部創業家或內部創新者的角色，他們不只為薪水工作，還能開創新事業。惠普公司的組織文化特別鼓勵這種創業精神，因此能源源不斷出現新事業，包括後來極為成功的印表機事業。

網路帶動的創業熱潮和泡沫

在第二章有提到網際網路是1969年美國國防部ARPANET支持發展，用於學術界合作的電腦網路，1990年後，伯納斯李提出超連結（hyper link）的概念，使網頁與網頁間很容易相連，網網相連形成全球資訊網。1992年美國政府同意開放給商業使用後，突然間，吸引了成千上萬的創業家，將網際網路視為他們千載難逢的創業機會。由於這個領域過去主要都在學術界發展，所以好幾個成功的創業者都來自於學校的研究生或研究人員，這些創業者掌握網路世界許多未開發的機會，億萬富翁一個接一個誕生，不僅是創業者，連可以配股分紅的一般員工也一樣可以成為億萬富翁。網路事業突起，成為新創事業的實驗場，也成為投資者的天堂。

也許是網路創業成功的例子太吸引人，無數的新創事業加入了淘金的行列，新創的電子商務模式改變了產業生態與遊戲規則，使得產業的強弱盛衰迅速改變，並且淘汰了許多原本穩健的企業，這麼劇烈的變遷迫使原有產業積極採取行動，並投資網路相關事業。

但是，過於快速崛起的「掏金熱」蔓延到世界每一個角落，許多嘗試用網路開展事業的創業家，以未臻成熟的科技為基礎，在一個未經開發的市場創辦企業，展開一場激烈的戰爭。新事業的建立好像只是建立在創業者的夢想上，未能針對事業的利潤來源和現金週轉做足夠的規畫和管理。2001年景氣反轉，馬上讓體質較脆弱的達康（.com）公司陷入困境，網路泡沫的效應重擊了網路創業的熱情，卻也促使生存下來的公司更加注重經營的基本能力。

因為資訊電子業的產品生命週期短促，研發活動必須重視時效，否則等對手推出取代性產品，企業即可能陷入《龍捲風暴》一書作者所提到的鴻溝，無法跨越而陷入困境。許多科技公司因為一種傑出的產品而成名，但無法繼續推出其他成功的產品，因而逐漸沒落，台灣科技界稱這類公司為「一代拳王」，意指只贏過一次的競爭者。

科技公司的發展策略，確實要避免過於迷信技術的魔力，除了技術外，更應該重視市場的趨勢和新產品的接受度，避免像3G業者那樣，先大量投資，再用強銷的方式硬要消費者接受。

企業與大學攜手研發

技術通常源自科學研究，把研究成果轉化為實際應用，需要創新和實驗，所以科技公司的價值常常是利用知識創新的結果。

早期大型企業多設立自己的研究所進行各項研究，近年來大學紛紛廣設研究所，於是企業選擇和大學合作，大學偏向基礎研究和應用研究，企業則專注技術發展和產品開發。

企業的創設除了技術知識外，也需要行銷、財務等經營事業所需的商業知識。將來不論學校或企業，在知識建構、知識聚集、知識移轉、知識選擇上都將更重要，知識成為創價的關鍵。

美國史丹佛大學在1951年設立世界第一座科技園區，開創了學校鼓勵創業的典範。史丹佛大學創辦人一再強調，要教「有用的知識」，而該校現任校長漢尼西（John L. Hennessy）曾經創辦MIPS公司，又擔任許多公司的董事，在他的領導之下，史丹佛大學積極地進行創新發明，像用校務基金投資Google，更是典型的成功故事。

創新事業的育成搖籃

讓學校教授的知識融入產業和社會中是相當重要的，大學如果能積極與產業合作，把研究成果應用在市場上，不但對經濟民生有助益，反過來也帶給大學發展所需要的資源。像我的母校交通大學日前宣布與麻省理工學院（MIT）合作，引進麻省理工學院實驗室的做法，進行「鑽石計畫」，在這個計劃下，學校的實驗室將成為長期研究計畫的主要單位，並且積極運用政府和企業界的資源，進行合作。

國內許多大學設立了育成中心，以協助學生創業，但可能是學校老師沒有足夠的經驗可以輔導學生，成效尚未顯現，比較成功的是工研院的開放實驗室，已經成功地孕育出一些有潛力的公司。學校要突破的是把研究結果商品化的做法，育成中心要成功，必須具備輔導經營者的功能，協助創業團隊在策略、財務、行銷和人員的管理。

台灣已有六十四個育成中心，除了大學外，財團法人研發機構、地方政府和私人企業也積極設立。我曾應邀在「APEC第一屆育成中心論壇」中，報告我國育成中心的發展現況，並介紹南港園區軟體育成中心設立的宗旨、目標與進展。南港軟體育成中心由經濟部中小企業處規劃，委由資訊工業策進會辦理，擁有完善的基礎設施和網路設備，同時提供給新創公司人才培訓、管理諮詢以及業務拓展等協助，最初的宗旨在輔導創新且具發展潛力的軟體公司，現在已有三十家公司進駐。

藉由競賽推廣青年創業

有些企業藉由舉辦創業競賽，鼓勵大學重視創業精神。像研華文教基金會創設的TiC100學生創業競賽，就成功引起許多大學對於創業的重視。研華文教基金會舉辦TiC100創業競賽已經十年，主要鼓勵校園學生以創新的技術或經營模式規劃新事業，2006年第七屆競賽的參與人數就超過了一千人，成為國內大學院校重視創新創業的一股新力量。

台灣的大專院校在研究的努力上，比起十年前確實有明顯的進步，但能否把研發的成果落實到產業界，是一個很值得探討的議題。大學教授們為了升等，大多發表純學術理論的論文，與產業需求有很大的落差。學校所傳授的知識往往也與產業的需要脫節，我認為產業界應該主動關心這種現象，提供給學校研究的題材和專案，並設置獎項鼓勵教授和學生的創新思考。

2005年，我應研華文教基金會的委任，結合產官學研各界力量，共同創立了國際創新創業發展協會（Global TiC Association）。最初的構想就是基於TiC 100多年的經驗，希望把創業競賽的做法推廣到國際。當時請到台大陳維昭校長、林逢慶政務委員、工研院林信義董事長等人擔任共同發起人，一開始就決定朝國際組織的方向發展。

在工研院、資策會等組織的大力支持下，這個協會順利成立，並經國科會贊助，舉辦了兩屆APEC支持的研討會，2007年7月舉辦了第一次全球競賽，次年5月贊助美洲國家的青年創業競賽（America TiC），在巴拿馬舉行，共有三十二隊參加。我與幾位協會的理監事和執行長受邀前往擔任評審，與許多美洲的創業競賽團體建立了良好的關係。

目前全球正掀起一陣鼓勵青年創業的風潮，以對抗嚴重的失業問題，台灣在科技創業方面已有國際知名度，值得更積極地推廣，以促成國際合作。

傲視全球的矽谷奇蹟

從舊金山國際機場出發，沿著101號高速公路往南開車到聖荷西，將會穿過全球聞名的矽谷，這個南北延綿數十英哩的縱谷，創造了舉世矚目的科技奇蹟。由於這些新創的高科技公司，讓矽谷成為全球最成功的創新區域，這種創業的環境更創造了大量的新工作。在這個僅有三百平方英里面積、容納兩百萬人口的峽谷，早先以半導體產業聞名，現在已經成為當今網路與資訊科技創新發展的重鎮。

多數人可能不知道矽谷的真正起源，矽谷的成功是無數公司和個人奮鬥的結果。已過世的前史丹佛大學教授特曼（Fred Terman），被公認為「矽谷之父」，他是史丹佛大學電機工程學教授，擁有麻省理工學院博士的頭銜，在史丹佛任教期間，倡議設置工業園區，以協助學校獲得科技研究的機會。藉由他的努力，惠普和許多公司在史丹佛園區成就了偉大的事業，史丹佛也藉由這些公司的協助，在工業技術和管理的領域成為傑出的大學。

小型新創事業是美國新工作的主要來源。趨勢大師約翰．奈思比（John Naisbitt）認為，美國新近產生的工作，幾乎都來自年輕、創業型的公司。在1980年代，全美一共產生了兩千兩百萬個新工作，在這兩千兩百萬個新工作機會中，90%來自員工人數少於五十人的公司，這就是新的經濟型態，也是創造新財富的方式。所以，如果想看看未來的新公司是什麼樣子，以及它們是如何運作，就應該觀察新的、年輕的公司；而不是那些已經逐漸萎縮、改變緩慢的老掉牙公司。

矽谷能匯聚一群具有創業家、冒險家、投資家、科學家、夢想家特質的優秀人才，許多有志青年為了實現創業夢想，帶著在他處無法實現的創新構想來到此地，使矽谷地區每年新創數千家公司。

矽谷HAICOG六傑

為了一窺矽谷成功公司的祕訣，可以從幾個在代表性領域表現傑出的企業，探討他們的經營管理特色。我選了六家不同時代的領先公司來說明，並以他們英文名字的第一個字母，合稱為「矽谷HAICOG六傑」，包括：惠普（HP）、蘋果（Apple）、英特爾（Intel）、思科（Cisco）、甲骨文（Oracle）和谷歌（Google）。這六家公司的事業領域都不同，但都是世界公認在其擅長領域的佼佼者，甚至是趨勢的創造者，他們的營業額加起來超過2,000億美元，超過大多數國家的國民生產總額。

什麼是他們共同擁有，但明顯與其他科技公司不同的地方？哪些特點是他們與眾不同的關鍵呢？

這些問題值得探討，主要原因並不只是因為他們經營績效特別傑出，也因為台灣科技界與矽谷關係相當密切，所

表5-1 矽谷六家傑出高科技公司比較

	惠普	蘋果	英特爾	思科	甲骨文	谷歌
成立年份	1939	1976	1968	1985	1977	1998
主要產品	電腦和印表機	個人電腦和iPOD	微處理器	數據網路	資料庫和企業軟體	搜尋服務
獨特技術	RISC影像列印	圖形介面	CPU無線傳輸	路由器VOIP	關聯資料庫	全文檢索雲端運算
獨特文化	開放信任	創新發明	前瞻變革	併購合作	卓越績效	改變世界

以我們應該深入了解矽谷發展出來的管理方式，並檢討我們是否也移植了矽谷最好的經營模式，以因應新世紀的挑戰。

成功矽谷企業的共同點

一、創新的精神

矽谷是一個具備開拓精神、勇於實驗新構想的地方。優秀的人才匯聚在此，實驗各種新技術或新的經營模式，失敗是家常便飯，不會受到懲罰；成功則有可能獲得豐厚的獎酬。源源不絕的創投資金，支持著各種創新的點子，一家有點規模和名氣的中型創投公司，一個月平均會收到五千份營運企畫書。蘋果電腦當初就是在史提夫．賈伯斯（Steve

Jobs）和史提夫．沃茲尼克（Steve Wozniak）兩位好友的夢想下，發明了全球最暢銷的蘋果個人電腦，後來得到創投家的資助而成功。

二、開放與平等

與其他地區的企業非常不同的是，矽谷的公司大多數採取開放的政策，公司刻意創造平等的文化，讓各種員工都能自由溝通，主管也很重視部屬的意見。

思科總裁錢伯斯（John Chambers）在描述公司內民主化的決策過程時，也附和這個理念：「在今天的經濟發展步調下，我所能做的決定和蒐集的資訊都很有限。所以我只要做重大的策略決定即可，接下來，如果我能把決定權下放給最接近行動的人，把我所知道的資訊也毫無保留的分享出去，就等於有上千位決策人士替我工作，就不可能錯失市場上的任何機會。而我的員工從實作中，發現並解決某些真正複雜問題的機會，也比較大。」

三、組織的彈性

有別於傳統的階層金字塔式組織，矽谷的公司普遍採用較為彈性的組織型態，許多公司藉由任務編組的團隊開發新產品，因此不同功能的成員經常在一起工作和討論。近年來拜網際網路之賜，跨地區及跨國的虛擬團隊更是普及。最早為矽谷公司組織立下典範的應該要算惠普了，惠普強調目標管理和鼓勵創新，給予基層主管和員工相當多的自主權，只要一個事業單位變得太大，就將組織分解成更小的團隊。相較於傳統公司由高階主管掌控預算等資源，矽谷公司鼓勵基層員工提出創意構想，以爭取公司的資源，傑出的產品觀念經常由基層產生。

四、強調貢獻

很多矽谷的創業者和工作者都對他們的工作非常狂熱，他們期望能藉自己的努力，對世界和人類社會做出重大貢獻。金錢的誘因固然也重要，但是最重要的驅動力在成就一番事業、發展影響世界的產品或服務。

Google的創辦人布林（Sergey Brin）與佩吉（Larry Page）在寫給潛在投資股東的公開信中曾提到：「Google能夠吸引有才能的人加入，是因為我們賦予他們改變世界的權力。」從一開始創業，布林與佩吉就打算創立一個讓聰明的人有機會解決世界上最有趣問題的地方。兩位創辦人並嘗試在一部分組織內，以世界第一流大學為典範打造新Google，以小型的工作單位、無數的實驗、踴躍的同儕回饋，以及改善世界的使命感為中心。公司的環境呈現出學院導向，崇尚真理愈辯愈明與採取精英領導的價值觀。在Google如果有爭論，鮮少是靠地位與階層取得眾人的信服，而兩位創辦人也希望這個傳統能持續下去。

五、對員工慷慨

矽谷的公司為了吸引和留住優秀員工，給予他們相當優渥的獎酬，分紅入股的做法在這裡十分普遍，初期加入的員工往往隨著股票上市而成為百萬富翁。

另外，購股權提供了強烈的誘因，鼓勵員工貢獻所能，與公司形成雙贏互利的正面關係。購股權制度的設計，在美國矽谷起飛的階段扮演十分重要的角色，也是矽谷能吸收許多精英的重要原因。這種制度的優點在於尊重員工，給予毫無壓力的誘因，而知識工作者可以自己判斷是否留任較長時間，以換得公司的股票，他們工作的意願和熱忱也因身為股東一份子而更為明顯，個人的生命意義也透過公司組織得以充分的展現。除了給大多數員工購股權外，英特爾等公司還讓重要研發人員能在工作多年後，得到付薪的年休假，以便調劑生活或再進修。

矽谷可能是新文化的一個典型社會，富而好禮，務實又創新，人們勤奮而專心工作，積極思考探索新的方法。他們的創辦人都希望能為人類做出重大貢獻，他們想要做出不同的產品或服務，而不是先要賺大錢，人人都矢志推出影響世界的技術。

品牌與行銷

隨著全球競爭加劇，流血殺價導致製造商無利可圖，

唯有藉由導入品牌，才能形成企業突圍的優勢。

如何塑造品牌、經營品牌價值，並懂得聆聽終端顧客的聲音？

這是過去以專業代工為主的台灣製造企業，如今必須學習的重要課題。

科技公司的成功，除了優異的產品技術創新外，行銷能力也是重要的關鍵因素，像近年來蘋果電腦和諾基亞的傑出表現，就是結合了技術和行銷的成果。與大眾化的消費商品如飲料、食品或洗髮精等相比，科技類的個人用品由於經常推陳出新，更必須教育市場，帶給消費者新的知識，很難只靠大量廣告就創造業績。台灣的科技公司不是只做專業代工，就是以供應零組件為主，很少以自己的品牌銷售到世界市場，因此在行銷領域相對地能力和經驗十分不足。

近年來，全球競爭加劇，許多行業都出現了供給遠超過需求的狀況，價格競爭往往形成薄利或無利可圖的現象，品牌因此更形重要，唯有藉由品牌，才能形成足夠的優勢。

工業產品也有品牌效益

政府為了積極鼓勵企業發展國際品牌，近幾年大力投入資源，委請國際知名的Interbrand顧問公司評估台灣較大國際品牌的品牌價值。品牌價值的評鑑是一件複雜的工作，一個品牌背後往往有一群忠實顧客支持，容易引發消費者購買欲望，而且價格可以比無品牌的競爭產品來得高。現在，品牌也可以讓一家公司找人才、尋找資金等更具優勢。

我記得惠普在1998年曾經委託顧問公司研究過自己的品牌，當時就是由Interbrand承辦，經過他們的調查結果，估算當時HP品牌的總價值，略微高於有形資產（包含土地、廠房、設備和材料）的總價值，惠普的董事會和高層決策主管因此更加深了經營品牌的決心。經過好幾年持續的強化，惠普的品牌價值大幅提升，2007年名列全球第十二個最有價值的品牌，價值達到220億美元。

很多台灣製造業公司累積了十分寶貴的製造經驗，研發的水準也很高，但是一談到自創品牌行銷就缺乏自信，甚至有很悲觀的論點，認為台灣市場腹地太小，不可能蘊育出世界級的品牌。我認為，這只是自我設限的觀點，根據過去幾年美國《商業週刊》（*Business Week*）的百大品牌報告調查，台灣沒有任何品牌入圍，但是人口比台灣少的瑞典、瑞士和芬蘭都有世界知名的品牌進入百大，尤其是芬蘭的諾基亞（Nokia），品牌價值超過200億美元，名列前茅。有意進軍世界品牌的台灣企業應該知道，芬蘭的人口不過才五百多萬，事在人為。

另外，不少台灣生產零組件的公司也認為，工業型的公司不需要品牌，因為相較起來，生產零組件比較重要的是讓少數大顧客滿意，品牌效益較不明顯。但是知道「Intel Inside」故事的人都不得不承認擁有優異的零組件工業品牌，有時甚至會形成消費者指定購買的條件，現在連專做晶圓代工的台積電也強調品牌，可見工業產品的行銷已愈來愈重視品牌的效益。

品牌創造優勢

品牌是指名稱、術語、符號、記號、設計或上述的綜合體，用以區別賣方的產品或服務，並可和競爭者的產品或服務有所區別。進一步說，品牌是賣方提供買方一組有特色、利益的產品和服務的一種承諾，最佳品牌是品質的保證。品牌為一種複雜的符號，一般來說可傳達六個層次的意義：屬性（attributes）、利益（benefits）、價值（values）、文化（culture）、個性（personality）和使用者（user）。行銷大師科特勒在他的著作中提到：「品牌是一個承諾，是對一個產品、服務或企業所有認知的集大成，包括所見、所聞、所讀、所感與所想。」

品牌的價值

品牌源自良好的口碑和商譽，在消費者搜尋產品時，容易讓消費者記起，並且形成較好的印象。品牌也可以加強差異化，與競爭對手區隔，產生溢價的效果。企業與同業競爭，如果要凸顯特定的差異，品牌可以強化印象，增加產品或服務的價值。品牌就是產品的靈魂，可以幫助消費者做選擇，因為它代表了可靠的品質、形象與售價，如果經過適當的行銷與刻意營造，品牌甚至會觸發消費者心中強烈的情感作用，進而強化他們對於產品的忠誠度，而這種忠誠度，有時甚至可以持續一輩子。

品牌如果獲得消費者喜愛，往往同類產品的報價可以高於同行的平均價，這種現象被稱為「品牌溢價效益」。根據2004年北京大學針對在中國銷售的筆記型電腦進行的研究發現，聯想、IBM、華碩、宏碁和康柏品牌的溢價率分別為17.1%、16%、12.4%、12.1%和10.4%。以聯想和宏碁來比較，同類型的產品，聯想能多賣5%的價錢。

為了達到品牌明顯的差異化，企業應該先回答下列三個基本問題：第一、誰是我們的顧客？第二、這些顧客需要什麼？第三、我們提供的價值是什麼？品牌策略經常由這類的思考開始。如果能在選定的區隔裡成為消費者的首選，就會形成品牌的形象力量（image power）。好的品牌具有感人的個性，產生品牌清楚的識別，也得到消費者內心的認同。

基於上述品牌的差異化和獨特性，以及在消費者心目中良好的印象，品牌能產生一種長久而無形的價值，這種價值在全球競爭的環境中，特別值得企業重視與珍惜。最近幾年，Interbrand顧問公司針對全球品牌進行的價值調查與排名，名列前十大的品牌價值都超過200億美元，排名前兩名的可口可樂和微軟，品牌價值甚至高達600億美元。

品牌的管理

品牌價值對企業既然如此重要，企業必須把品牌當成重要資產加以管理。許多企業讓品牌成為行銷廣告部門的責任，往往忽略了品牌的全面效益和關聯，其實顧客對一個品牌的印象並不限於從廣告獲得，產品設計、顧客服務和公司形象也都影響了整體品牌在消費者心目中的地位。

一般而言，公司的行銷部門會先重視消費者的印象和態度，往往是品牌建立的發動者，經過一段時間，重視品牌的公司會開始強調商標和企業識別系統，在這個階段，必須進行多方面的調查，以釐清公司的獨特點，市場定位是品牌管理非常重要的一個工作。已有些基礎的公司應該先從既有顧客和了解該公司的消費者，進行訪談或舉行焦點團體分析，以獲得客觀的結論。一般公司不了解這樣的做法才能有效找出公司真正與別人不同的地方，而非以高階主管的主觀意識來為公司定位。企業如果沒有經驗，第一次可以尋找有經驗的顧問協助，以確保調查的客觀與正確。

近年來，全球競爭激烈，產品的功能或品質上的差異，很難維持長時間的領先，許多成功的品牌是以概念定位，也就是用品牌個性或品牌決策來建立較長久的差異化。過去強調功能的產品，往往用人口背景資料（demography）來區隔市場，重要的考慮構面包含年齡、性別、收入等，現在許多產品強調生活型態、個性和偏好等，必須使用心理層面的知覺構面來區隔市場。有經驗的顧問可以協助企業找出消費者心目中企業的知覺定位，同時將主要競爭者的知覺定位也標出，成為消費者「知覺地圖」（perception map）。

根據品牌大師大衛・艾克教授（David A. Aaker）的主張，品牌管理涵蓋的範圍寬廣，包括品牌權益（brand

equity）、品牌知名度（brand awareness）、品牌接受度（brand acceptability）、品牌偏好（brand preference）、品牌忠誠度（brand loyalty）等。

品牌管理是現代企業決策者必須重視的一個課題，企業從消費者的研究，了解其購買產品的動機和偏好，可以發展出引導消費者知曉和喜好的方法。一家企業可以單一品牌行銷全球，也可以依產品性質或目標市場的不同，經營多個品牌。

品牌如何產生最大效益，與品牌延伸有十分緊密的關係。品牌延伸策略有以下四種類型：

（一）產品線延伸（line extensions）：指將現有品牌延伸到同產品類別的不同產品；

（二）品牌延伸（brand extensions）：指品牌延伸到新的產品類別）；

（三）多品牌（multi-brands）：相同的產品類別內發展多種品牌；

（四）新品牌（new brands）：新的產品類別啟用新的品牌。

讓品牌替公司代言

品牌不只是產品相關的符號商標，更是公司在消費者心目中的印象。塑造品牌印象可從企業文化的溝通開始，健全的企業文化是公司的珍貴資產，它可以確保組織在長期有好的表現，因為它是由企業一點一滴建立起來的，與經營環境一同演化，而且與母國的國家文化一致。口耳相傳的企業歷史，包含閒聊、英雄傳奇和企業哲學時，與公司的人事政策一樣重要。將品牌與企業文化結合，讓外界容易產生信賴感，品牌就是公司最佳的代言人。

品牌到底靠什麼建立起來的？做品牌不是只靠廣告或促銷活動，讓知名度提升，許多廠商對品牌認知不足，以為知名度所強調的只是「牌」，其實做品牌要先從「品」思考，也就是從品質開始做。品質做得好讓消費者留下印象後，再加以宣揚，品質就是產品和服務都能夠讓消費者非常滿意，而且願意把這個品牌推薦給親友，因此品牌可以建立口碑。

「品」字另一個涵義是品格，品格讓消費者和大眾產生信賴感，百大品牌大概都不會是扯爛汙的公司，品格成功後才談得上品味，品味則是真正能夠創造巨大無形價值的地方。品質、品格和品味，共同構成堅實的品牌基礎。

根據我的經驗，品牌與企業形象息息相關，有意經營品牌的公司應該多介紹公司的背景、故事和人物。許多台灣公司的廣告急著推廣產品，忽略了好的品牌是帶有人格特質的，比如：創新、服務、誠信、前瞻、可靠等，往往需要與人或組織產生聯想。企業對於成功的產品，除了傳達新產品性能的訊息外，不妨多談一些產品發展過程、技術突破關鍵以及設計團隊的故事。即使廣告要針對產品和技術，也可以巧妙運用代言人的角色，比老王賣瓜、自吹自擂的廣告有效。

最後，品牌不但代表一種品質，同時也是時尚、風格和身分地位的象徵。品牌經營，為企業四兩撥千斤，成為獲利的主要來源。

全方位品牌經營

品牌管理是全公司的工作，從公司的決策高層開始，一直到基層員工，需要全員參與。領導階層的參與尤其不可少。品牌和品牌資源必須被視為策略性資產，而非侷限於行銷部門的工作，品牌與品牌管理涉獵的領域，早已超越行銷人員的傳統認知。品牌也非僅由產品的印象產生，企業形象、服務品質，甚至領導者的風格都會影響消費者對品牌的認知。

「品牌」是有情緒、有個性的，任何顧客接觸到品牌的經驗都會與品牌印象有關。近年來，連以實體產品製造為主的公司都倡議要以「全產品」的觀念，滿足顧客的需要，全產品包含核心產品、附屬產品、周邊產品、訂購、交貨服務、安裝、甚至回收等全部的經驗。良好的管理使顧客感受到全面性而高品質的體驗，而體驗與品牌印象有關，現代行銷十分重視顧客的體驗。

圖6-1 全產品的價值活動

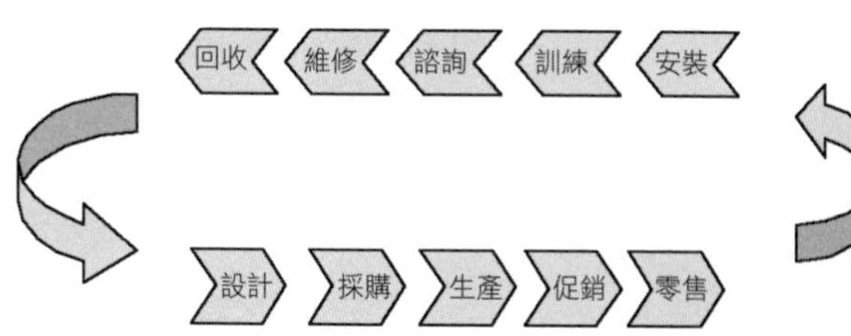

幫助研發成果商品化

科技研發往往用掉科技公司相當龐大的經費，但是能否產生足夠的回收，常因公司的做法不同而有很大的差異。科技公司能否從技術研發產生足夠的利潤，行銷能力居十分重要的關鍵角色。同樣花大錢做研發的公司，也常因公司未能將研發成果商品化，而產生截然不同的結果。舉例來說，矽谷的公司很擅長利用新科技開拓新事業，像全錄公司在矽谷的帕洛阿圖實驗室，即使最早發明了個人電腦、滑鼠等技術，但因為遠在總部的主管，未能看到這些技術的前景和商業價值，未能將之商品化，因而錯失了大好機會。

行銷的本質在於價值的交換，顧客願意以某種代價換得一種產品或服務，因為所換得的好處值得所花的代價。價值必須從顧客的角度評斷，也就是顧客所知覺的利益，許多科技產品雖然技術的創新和發明很了不起，但因為沒有讓潛在顧客感覺到這種創新或發明的價值，就難以說服他們掏錢購買。

聆聽顧客的聲音

強化行銷能力的第一步，應該是把組織由內部導向轉變為外部導向，特別是重視顧客和聆聽顧客的聲音。

二次世界大戰後，美國和西歐經濟開始由賣方經濟轉為買方經濟，市場上的競爭愈來愈激烈，顧客導向的行銷哲學興起；加上行為科學研究成果的累積，提供了許多可資運用的豐富材料；同時企業界提供給商學院大筆研究基金，也誘使許多行為科學及社會科學的學者將其純理論的研究成果應用到企業活動上。

這些購買者行為學派是以買方或消費者為分析的重點，他們不接受經濟學家的假設，將購買者看成一個單純的經濟人，而是主張更深入發掘購買者行為背後的真相。購買者行為學派主要研究顧客在市場中的行為，把消費行為視為人類行為的一部分，因此大量借用行為科學的研究成果來解釋消費行為，特別是心理學、社會學和人類學等相關領域；另外，他們也重視品牌、工業設計和包裝對於消費者採購決策的影響。基於對消費者的重視，顧客服務也成為經營上一個重要的管理議題。

以製造為主的公司，往往忽視顧客服務的重要性，其實現有顧客的滿意和再購買，決定了公司長遠獲利的能力。在過去十餘年間，全球企業都經歷了一場科技革命的創新洗禮，也領略到跨國界競爭組織管理方式的變革，但是在各行各業的實務經營上，成功者卻未必擁有這些「時髦」的特質。相反的，我們還目睹了許多高科技公司與跨國大企業，因為逐漸遠離了顧客，漸漸失掉了光環。許多研究證實企業只要多留住5%的老顧客，就可以提升利潤20%以上，重視顧客應該是決策主管非常重要的事。

顧客購買行為的分析十分重要，人們經由做與學得到信念與態度，進而影響其購買行為。信念（belief）是一個人對某些事物持有的描述性看法，人們對一家廠商的產品和服務有一些信念，這些信念組成產品與服務的形象；態度則是指一個人對某特定標的物或想法，持續的認知上的價值判定，使人對某標的物有喜歡或不喜歡的心智架構。態度會使人們對相似標的物採取一貫的行動，態度很難改變，常成為固定類型。

市場的聚焦與定位

現在管理學界非常重視的策略定位，企業在中長期的策略規劃中，時常面臨市場選擇的議題。現代行銷學之父科特勒（Philip Kotler）建議，企業要用STP的步驟來做策略的選擇，首先就市場的特性加以區隔（segmenting），其次從不同的市場區隔中尋找最恰當的目標（targeting），最後確定公司的定位（positioning），唯有選擇適當的定位，才能將公司的資源和才能聚焦於目標顧客群。

近代西方知名軍事家克勞塞維茲（Karl Von Clausewitz）曾說：「擁有壓倒性兵力時，一定要把軍力集中起來，同時儘可能地瞄準目標。」在西元前490年，雅典對抗波斯進攻的馬拉松戰役中，希臘人在數量上雖然吃了點虧，但他們擁有一個絕大的優勢——方陣（phalanx），將戰士集中起來，突破敵人的層層包圍，最後得以獲勝。

市場區隔是指市場中可確認的多數顧客群，利基市場則指定義較狹窄的顧客群。一個誘人的利基市場具有以下的特色：顧客有獨特又複雜的需求組合；而且願付超額價格給最能夠滿足其獨特需求的廠商；行銷人員需要專心在經營事業，才可在利基市場中獲得成功。

企業的行銷規畫與控制系統分為三個部分，第一、行銷規畫：選擇具有發展潛力且本身又有力量去爭取的目標市場，並發展有效的定位策略與行銷組合決策。第二、執行行銷決策。第三、行銷控制：評估目標市場、定位策略及行銷組合決策的適切性，並做必要的調整。

透過自有品牌掌握終端顧客

台灣的製造業近年來面臨前所未有的挑戰，一方面是大陸挾其廣大的土地和充沛、廉價的勞動人口，成為低價生產的製造基地；另一方面是台灣大多只做OEM或ODM的製造，很少掌握自有品牌的優勢，當全球生產供過於求時，很容易成為買主殺價的對象，因此獲利大幅度下跌，進入了「微利」時代。

以筆記型電腦而言，五年前的毛利率還可以維持在15%以上，現在只能勉強達到5%，在這種情形下企業若還要保有一些淨利，勢必要嚴格控制支出，自然難以投資在可以永續經營的行銷領域。由於全球競爭激烈，商品必須經常創新，並且符合顧客的期望，企業能否永續經營，端看企業能否經常注意市場和顧客需求的變化，調整自己的策略和做法。

以製造起家的公司若要建立長久的競爭力，應該及早轉型為行銷導向的公司。所謂行銷導向的企業，並非以行銷部門掛帥，而是做到全公司每一個部門都重視行銷，以滿足市場與顧客為使命。施振榮先生在他的一本著作中提到，台灣的廠商只擅長大量製造，不懂行銷，因此大多靠殺價爭取訂單，造成MIT（Made in Taiwan）就可以殺價三成的惡劣印象，他主張台灣企業要努力學習行銷。

行銷導向最重要的理念，是以市場和顧客的滿足為目標，因此公司研發的技術與產品必須符合市場的需要。在重視行銷的公司裡，由於經常進行市場調查、競爭者分析和顧客意見收集，高層主管也很積極傾聽顧客的抱怨，所以策略的擬定、產品的規畫都能與市場的脈動緊密結合，這種文化和機制常使這些企業的產品深為顧客喜愛，服務更贏得好口碑，公司的品牌因此有了厚實的基礎。一個好的品牌很少是靠廣告捧起來的，絕大多數的好品牌都是靠顧客和口碑奠定基礎，再利用廣告或其他市場溝通去擴大效果。

台灣許多大企業以專業代工建立了相當規模的工廠，

但由於沒有掌握品牌，因此接觸到的市場訊息，往往是從委託代工的客戶端獲得，缺少與終端使用者（end user）的接觸，這是台灣製造廠的一項重大缺陷。沒有接觸使用者最大的損失，是缺少了解需求和創造產品觀念的機制，即使製造廠有優異的設計能力，能根據顧客的規格很快地設計出令顧客滿意的產品，但是對於如何預知市場趨勢、制定功能規格等能力，就顯得非常不足。於是只能成為快速追隨者，難以成為創新發明者。

另外，由於台灣廠商過去只做代工，通路完全由採購產品的大廠自行發展，這種合作模式使台灣代工廠幾乎完全沒有發展通路的經驗。建構行銷通路勢必要了解貨品的運輸、物流、倉儲等，在全球運籌的需求下，將大幅度增加費用和庫存，如何做好資金調度與顧客的信用管理，都是企業的莫大挑戰。

要有決心從製造改為行銷導向

公司要由製造導向調整為行銷導向，除了要有最高決策主管的決心，願意將之列入經營上重大目標，還要靠人才的培訓以建立能力，決心和能力兩者兼備才有希望成功。此外，制度的建立也十分重要。

我在惠普擔任總經理時，有次曾應總公司之邀到日本、韓國和新加坡進行幾個營運部門的品質稽核，在三個整天的稽核過程中，不斷透過問題探測他們的組織是否具備行銷導向及市場導向。當時我給經營團隊的前幾個問題，一定會包括：「請問你們主要的市場是什麼？」、「請問你們最大的十家顧客是誰？」、「請問你們帶給顧客的價值是什麼？」這幾個看來很基本的問題，很多團隊居然都無法馬上回答，即使連最強調服務品質的日本分公司也不見得答得很好。經過我的建議，他們也欣然同意這是對組織十分重要的問題，如果一家企業連重要幹部都不知道重要的顧客是誰、帶給顧客的價值為何，那這些幹部經常關心的很可能都是內部指標，如產品技術、成本控制或業務績效等。

透過品質稽核制度可以引導企業往外看，重視顧客、重視市場的變化，由外在環境來思考公司應有的方向和策略。

品牌延伸力量大

當企業擁有一個成功的品牌時，就可以用良好的聲譽擴展到相關的領域，連其他品類或產品線也會受到成功品牌的保護與加持。成功的品牌延伸，有如為許多產品撐起一把保護傘，被稱為「品牌傘」，品牌傘如果建構成功，往往能發揮巨大的力量。

以惠普的印表機為例，雷射印表機HP LaserJet的成功，強化了HP這個品牌在消費者心目中的良好印象，因此當惠普推出價錢較低廉的噴墨印表機DeskJet時，藉著Jet這個家族品牌的識別，很快地被消費者所接受。當時惠普噴墨印表機的產品技術固然很不錯，但是日本廠商也很快就推出類似的產品，而且價格具有優勢，按照過去消費性電子產品的市場經驗，日本廠商應該能很快席捲低價的印表機市場，但後來惠普居然還能保持市場領先地位，這是為什麼呢？品牌延伸的力量和品牌傘的保護，顯然是很重要的原因。

早期英特爾和許多科技公司一樣，給予每個產品一個用數字號碼代表的型號，例如四位元微處理器型號是Intel4004，八位元處理器有8008和8080兩種暢銷款。1978年，英特爾推出8086微處理器晶片，由於這顆晶片具備十六位元功能，在市場上極為成功，因此做為建立品牌家族的開始。到了1982年，英特爾推出286，沿用x86的編號應該是期望使用者能記得這是8086系列家族的產品，由於這個品牌延伸策略奏效，後來又推出386和486，充分得到家族品牌保護傘的效益。1991年，因為無法得到x86系列的註冊商標，英特爾面臨是否繼續沿用x86品牌的抉擇。當時主要競爭對手AMD也推出AMD386，讓使用者相信這和其他386系列的晶片一樣好，於是英特爾想出了一個的品牌行銷策略：Intel Inside。由於該品牌打造計畫金額高達1億美元，當時在公司內部引發很大的爭議，許多經理人認為，做為一家將關鍵零組件賣給電腦製造商的上游供應商，英特爾並無建立B2C品牌的必要性，這些錢應該用在研究發展。

不過，Intel Inside在當時的總裁葛洛夫（Andrew Grove）的大力推動下，成為高科技產業有史以來最成功的品牌打造計畫。在當時，每一家加入這個計畫的電腦製造商都可從英特爾得到採購金額6%的補貼，此一補貼金額存入一個市場開發基金，如果電腦製造商在其產品和廣告上標示英特爾的品牌名稱和標誌，最高可補助電腦製造商廣告金額的一半。後來因為下游廠商十分配合，整個活動的經費超過1億美元，但這個計畫為英特爾公司創下非常獨特的品牌競爭優勢。

有了這個成功的策略，當AMD率先推出586時，英特爾考量終端消費者比較習慣記憶由文字構成的品牌，數字只能吸引工程師注意，因此大膽改以奔騰（Pentium）品牌取代數字型號，做為家族系列的品牌名稱。

如何保有顧客的忠誠

我曾在《商業週刊》英文版上看到一篇探討品牌的文章，提到成功的品牌往往擁有一群死忠的顧客，這些顧客不但極為熱愛這個品牌的產品，重複購買，而且還形成一個社群，長期討論產品相關的議題。

像在世界各地都有熱愛蘋果電腦的顧客，他們不管世界潮流如何改變，始終以蘋果的選擇為第一優先，同時也經常在網路上討論使用產品的經驗，給蘋果電腦積極而善意的建議。這樣的顧客求好心切，有時也會批評抱怨蘋果電腦，但就如同蘋果電腦的至交好友，是為了它好才直言規勸，忠誠的顧客有時雖然難纏，但是其愛護企業的心往往也是很寶貴的。所謂「會嫌的顧客才會買」，這話並不表示企業吃定顧客了，其真正的意義是如果企業有一套機制，讓這些會挑剔的顧客滿意，他們就有可能長期成為企業的死忠顧客。隨著時代的進步，現代經營管理科學對「顧客優先」的詮釋，已經從「如何獲得顧客的滿意」逐漸進化成「如何保有顧客的忠誠」。

愈滿意的顧客往往購買愈多，而且長期購買，對競爭品牌較少注意且對價格較不敏感，因而成為公司高價值的生意基礎。滿意是一個人對一產品的期望與知覺績效間的比較，所產生差異的狀態。許多公司並不了解，顧客購買的往往不是產品本身的特性，而是使用產品產生的利益，也就是產品為顧客創造的價值。衣服固然對於顧客而言是為了保暖，但是穿體面的服飾對顧客的利益，往往在於引起別人的注意和好感。

一個理性的顧客一定是以價值最高者做為選擇，顧客價值是顧客總價值與顧客總成本間的差異，顧客總價值是顧客期望由一產品或服務所得到的一組利益，只有顧客導向的公司，傳遞較佳價值給目標顧客者才會贏。行銷的藝術在於吸引並留住可獲利的顧客，保住好顧客，公司才有機會長期發展。

掌握消費趨勢

在探討消費習性時要特別注意新的生活態度或是風格，例如戰後嬰兒潮世代曾經開創出雅痞的風格，如今已進入退休或屆臨退休的年紀，關心的議題多半圍繞著健康和養生，加上一些環境保護意識，展現出不同的生活態度和生活型態。新世紀的人類最大的行為改變，不僅與人口結構的發展相關，也受到網際網路等科技的影響，同時基於環境保護的觀念，有一種追求簡約生活的新傾向。以下是近年來一些明顯的新趨勢：

樂活族LOHAS

LOHAS代表的是Lifestyle of Health and Sustainability，是世紀轉折之際漸漸形成的生活概念，主要強調健康和環境的重要。根據維基百科網站的定義說明，LOHAS是一群重視健康和永續環境的人士，也可以說是他們所抱持的生活態度。估計2007年美國有六千八百萬人屬於LOHAS族群，假設全球平均只有5%的人抱持類似的觀點，世界應該有一億至一億五千萬人可算是LOHAS族群，而且人數成長快速。

這群人的消費能力高於平均甚多，以美國為例，占人口23%不到的LOHAS族群，在開銷上占零售市場的30%。他們認為人類應該回歸較為自然的生活，減少人造物品耗用自然資源，他們也重視自身的健康，包含身體和心理上的狀況。這個族群把身心健康進一步與環境的存續結合，特別重視人類社會的永續發展。

M型社會

影響消費型態的重要因素之一是收入的兩極化。日本趨勢觀察家大前研一在《M型社會》一書中提到，中產階級社會的崩潰，主要的原因在於無特殊知識和低技術的工作收入正逐年減少，像日本自2005年起，中低收入者已占人口70%以上；美國早在1970年代後期，就已經出現平均所得降低，貧富差距擴大的現象。在勞動人口中，占大多數的中產階級崩潰之後，所得階層的分布即往低層階級和上層階級的兩極移動，形成左右兩端高峰、中間低落的「M型社會」。收入低的消費階層只好多到量販折扣店消費，即使要花錢享受，也以較為便宜的簡約時尚或所謂「低調奢華」為主。

數位引爆通路革命

傳統的通路，通常由很多負責經銷的中間商所組成，包含進口商、批發商、中盤商、經銷商、代理商和零售商等，通路的開發和管理可說是企業行銷複雜而重要的工作。

企業建構行銷通路，勢必要先了解貨品的運輸、物流、倉儲等作業，而且因為全球運籌的需求，必然大幅度增加費用和庫存，因此資金調度與顧客的信用管理等都是莫大的挑戰。以前個人電腦大廠都會積極發展通路，像康柏是通路之王，在全球有十萬個銷售伙伴，但卻一下子被戴爾打敗，而戴爾主要贏在直銷以及與客戶建立社群關係這兩個優勢上。過去，需要依賴實體的配銷制度；現在，利用網路不但效益大增，還可以提供客製化等額外服務。戴爾的客製化服務是先幫客戶裝好個別部門所需用到的不同軟體，等電腦送到便可立刻使用，不用再等公司資訊部門來安裝軟體。康柏與戴爾的優勝劣敗，可說是一場通路大戰的結果。自1992至1997年，兩家公司的成長都十分迅速，康柏藉由全球行銷通路的布建，PC市場占有率由1992年時的6.4%，一路攀升到1997年時的13.1%，取代IBM成為PC市場的領先品牌。同一時期，戴爾藉直銷和依單生產的模式也取得相當的優勢，市場占有率由3.6%升高到8.5%，居市場第三名，僅次於康柏與惠普。但1998年的演變改變了兩家公司的命運，戴爾藉著網路直銷以及與顧客建立緊密的關係，贏得許多企業顧客的青睞，尤其是採購金額最大的客戶，戴爾為他們設置專屬的頂級網頁，接受這些顧客在網上選購特別為他們公司打造的產品，包含預先灌入特殊軟體的個人電腦、量身訂做的服務等，為戴爾取得關鍵性的競爭優勢。

戴爾利用網路訂購、依單生產的模式降低了庫存的成本，成為最有效率的生產廠商；反觀康柏，為了搶攻市場，要求通路夥伴塞貨，並以價格補償策略保護經銷商。當新產品影響了舊產品的銷售時，過時的庫存形成巨大的壓力，康柏為了因應戴爾直銷的挑戰，同時間也在科羅拉多設立直銷的網路和客服中心，經銷商面對康柏十分混亂的通路策略，產生很大的信心危機，不少經銷商轉而銷售其他品牌。當時康柏為了鼓勵經銷商多存放庫存，建立了一個價格保護和回收的機制，這個政策造成浮濫的庫存，在價格快速下跌的個人電腦市場成了致命傷，康柏因而陷入虧損，執行長費佛（Pfiffer）也因此被迫下台。1999年康柏產生鉅額虧損，一蹶不振，2004年4月，康柏終於被惠普所併購。

網路行銷實現大量客製化的夢想

在1980年代許多企業開始用直效行銷，也就是以複雜的印刷配合電腦資料庫直接針對小群組的顧客行銷，不僅出現更小的市場區隔，還能提供客製化的產品，包括型錄銷售、顧客信用卡和雜誌促銷在這段時期普受歡迎，都呈現爆炸性的成長。

零售商藉著電腦資料庫抓住顧客，首先是注意到最佳顧客，其次是重視顧客的忠誠度，但是以資料庫為基礎的直效行銷有其根本上的限制，由公司收集個人的資料，因此資訊的流動都是單向的。

而網際網路和全球資訊網的出現，改變了個人行銷的觀念和做法，不論規模大小，所有企業都能以低廉的成本與全球顧客溝通。新的溝通能力創造了新的需求，因為有新的機會與顧客討論和對話，足以促成更大規模的客製化。在大規模生產下，企業的根本技能是生產，只要有一點錯誤則會重覆幾千或幾百萬次，因此大規模自動化生產以得到穩定品質、低廉成本的產品為主要目標；在大規模客製化下，顧客資訊管理成為關鍵，因為顧客依他們的選擇得到特有的產品，顧客資料的品質變成很重要，主動和對話更不容忽視。

網路行銷實現了不可能的任務，透過大量而即時的互動，協助買賣雙方溝通對話，更精確地掌握需求與規格，方便選擇組合或量身訂製產品及解決方案。全部量身訂製的產品往往過於昂貴，廠商必須提供介於標準產品和客製產品之間的方案，以滿足更多的顧客，但不同程度的客製化所需要的溝通互動也不同，網際網路最大的貢獻在於提供一個讓雙方即時互動的對話工具，實現了「大量客製化」的夢想。

行銷的重要任務是將市場區隔化，選擇目標市場，並為目標市場提供差異化的產品或服務，以爭取顧客，並為顧客創造價值。然而過去客製化產品的成本比標準化產品高出許多，只有少數顧客願意花較高的價格購買特殊規格的半訂製品，像想買量身訂做的汽車的顧客可說是鳳毛麟角。

標準化產品都是自動化生產大量製造，在與顧客溝通時多透過大眾傳播媒體，成本低廉，但是大眾化產品的缺點在無法滿足一些特殊需求，讓行銷者不得不在客製化或標準化之間做一取捨。現在透過結合網際網路與顧客資料庫，以及線上的分析系統，企業不僅能就很小的市場區隔，還能針對個人的需求設計生產。就目前而言，網際網路較適用於以互動方式瞄準少部分的使用者，而不適合透過強制性的廣播商業資訊接觸大量的被動閱聽人，從而創造出品牌或企業的印象。

透過個人化行銷加強服務

行銷的發展由大眾市場行銷（mass-marketing），到挑選市場區隔而形成目標行銷（target-marketing），現在則進一步發展出更為分眾化的微行銷（micro-marketing），甚至達到針對個別顧客的一對一行銷（one-on-one marketing）。

所謂的個人化行銷，包括產品、定價、溝通和服務等的差異化，而產品的客製化就是個人化的結果。個人行銷的觀念認為，有效行銷的關鍵在於把顧客看作一個個人，而且用互動的對話來提供個人化的產品和服務，像eBay和雅虎奇摩的拍賣網站就是一種個人對個人的買賣行銷。

企業為了做到個人化行銷，以獲得個別顧客的喜好和忠誠度，一定會十分重視顧客服務，而網路正好可以用來強化對顧客的服務。舉例來說，思科和甲骨文透過網路傳送技術文件和更新軟體，讓顧客或經銷夥伴可以快速得到所要的服務；惠普透過網路為已經購買印表機的顧客提供驅動程式，並解答使用上的問題，若個別使用者或潛在顧客有產品或技術問題，也能由客服中心的電子信件或電話得到協助。

我們相信，一個以差異化為基礎的供給或方案，是未來企業優勝劣敗的關鍵，而了解顧客並提供最符合顧客需求的供給或方案，將是行銷重要的課題。

網際網路大幅度降低了溝通協調的成本，因此網路行銷成為個人化與客製化的一大推動力量，同時結合了個人資訊和彈性製造，可以為個別顧客生產。藉由客製化，行銷更能貼近顧客個人真實的喜好和行為，反應出行銷法則中所謂的「顧客的聲音」。不過，要達到客製化的最基本條件，就是要有精確、即時而相關的顧客資訊。另外，網際網路還可以靈活地結合許多合作的夥伴，共同提供顧客所要的組合方案，即許多行業談到的「套餐」產品，這個機制對提供客製化服務則有莫大的貢獻。

顧客參與與客製化

在分眾化的微行銷中，藉由社群的認同和頻繁的互動對話，顧客真正參與了產品與服務的創造或交遞過程。在許

圖6-2 不同顧客參與程度的客製化比較

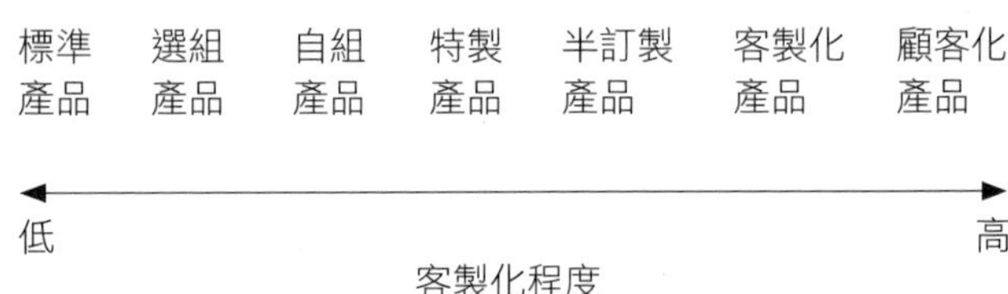

多情形下，消費者與供應者的地理位置分隔甚遠，過去幾乎沒有辦法提供量身訂製的服務，現在透過網路，廠商可以提供不同參與程度的客製化機會。下表列出顧客參與程度由低到高所引發的客製化產品：

大量製造的產品，大多是標準的大眾化商品。有些商品基本上是由標準的模組組合而成，顧客可以由廠商的型錄挑選不同的搭配組件，購買選組產品，例如桌上型電腦可以選擇不同尺寸的監視器。顧客有時也可以購買不同的標準模組，自行組合，例如自行選購外加的硬碟機，這就是自組產品。特製產品通常是指廠商允許顧客訂購標準規格以外的產品，例如內建升級版的DRAM記憶體。半訂製產品包含了標準模組和一部分修改的模組，例如左撇子用的滑鼠。客製化指的是根據顧客需求生產，例如符合軍用規格的電腦。客製化程度最高的產品是指完全依據顧客需要設計、而且是量身訂製，其功能和規格可能和其他產品完全不同，顧客化的產品經常是為某一單一顧客特別設計，例如依顧客開發的軟硬體，適合個別公司特殊的作業需求。

網路促成客製化生產

隨著網際網路的普及，生產廠商獲得一個快速便捷且成本低廉的管道可與顧客互動溝通，同時配合彈性製造系統，讓一般平民也可以享用得起客製化與個人化的產品。要做到大量客製化，不但得在工廠製造端投資昂貴的生產設備，更重要的是得與顧客溝通，了解對方的需求，還有協調零組件供應等都需要大量的資訊，買賣雙方藉由資訊互動增加了解，彼此學習，建立以信任為基礎的關係。

以網路直銷最為成功的戴爾為例，他們對於顧客是有不同待遇的，其核心觀念是有一個強有力而且彈性的方法處理顧客的需求以創造價值，戴爾線上資訊的政策是依顧客重要性而有不同的，好的顧客收到更完整的資訊，更周全的服務。所謂「戴爾三角」是解釋戴爾這種政策的圖形，基本上是一個倒三角形，在倒三角形上面的是全部的潛在顧客，任何到訪戴爾網路的人都屬於這一類，都能看到戴爾基本的網站首頁；第二層是登記的顧客，必須輸入一些基本的個人或公司資料才能進入；第三層是購買顧客，需要簽了購買合約才能成為購買顧客，進入專屬購買顧客的網站；最下面一層是頂級顧客，採購的數量最多，戴爾為他們設計專屬的個別網頁（premier page）；頂級顧客獲得非常多特殊的服務，包含了產品的客製化，早期戴爾線上的生意約有70％來自頂級的顧客。

由顧客主導的生產和設計

在客製化的過程中，顧客有各種不同程度的參與方式，參與程度最高的方式是以顧客的構想和設計主導整個過程。由於網際網路的普及，使這種方式漸趨可行，成本也降低，使一般消費者也能訂製，行銷學者稱這種方式為「顧客化」（customerization）。

與一般客製化不同，顧客化的產品或服務設計，是由顧客主導，而非廠商主導。顧客提出需求，廠商根據顧客的設計和訂單生產，每位顧客設計都有相當大的差異，可以說是「逆向產品行銷」的具體實現。逆向行銷將是一個新的現象，日益增加的團購是逆向行銷的初步發展，我們可以預期將來的發展不可限量。由於網路所提供的即時互動功能，愈來愈多的產品藉由顧客參與生產的過程，形成產銷合一的現象，行銷上出現了一個prosuming的新詞語，意指生產（production）與消費（consuming）的結合。

新的世界帶來了嶄新的環境和風貌，行銷已經愈來愈由消費者主導，愈來愈借重數位中介的通路，或許即將促成另一次典範的移轉，企業在這波革命性變化中，勢必更加強調品牌以及行銷的創新。

企業社會責任

企業為了追求永續經營，除了藉由良好的公司治理制度，

確保股東權益外，當企業的影響力逐漸超越國家，

這個社會更有責任要求企業，針對員工福祉、消費者權益、社區公益，

以及生態環境等問題，善盡一份責任。

近代企業在經濟效能上的表現十分成功，使得許多國家經濟成長，生活品質提升。企業對於社會進步功不可沒，但是經濟發展的同時也造成了環境汙染、貧富懸殊、氣候暖化和金融詐騙等問題，政府和一般民眾在解決這些問題上顯現出力不從心的情形。究竟企業該不該為這些問題負責？要回答這個問題，不應該只是企業本身，身為社會的一份子，每一個人都必須嚴肅思考這個議題。

追求獲利也要良知約束

企業如果只具備經濟能力，沒有自我約束的規範，如同脫韁的野馬，狂奔亂跑，對於社會將造成難以收拾的後果。公司的治理必須重視企業的目的和社會責任，董事會必須能監督經營團隊，並且注意權責均衡。領導的議題十分廣泛，包含了使命的訂定和社會責任等，引導管理融入倫理學或哲學，或者稱為「道」，而非僅止於工作方法的「術」，愈是高層的主管，愈需具備哲學思想和抽象觀念，才能創造優異的績效。

除了利潤盈虧等經濟因素的考量外，企業也應該有道德良知的指引，大部分企業家賺錢時都容易展現樂善好施的同情心和社會良知，但是面臨企業虧損和存亡問題時，可能就是考驗道德良知的時候了。不少企業家不顧社會責任，造成環境嚴重污染，也有不少企業因為疏忽了永續發展的指標，導致嚴重的事件，也造成企業的毀滅。

2007年底開始出現的金融危機，其實是許多人枉顧良心，追求個人暴利的結果。一群華爾街奸巧且貪婪的財務操盤高手，玩弄他們的技倆，騙取了多少人終生的儲蓄和退休金，因而失去生活的保障。像馬多夫型態的騙局陸續爆發，更加突顯了這種貪婪的本質，連尋求美國政府紓困的企業和金融機構負責人，也毫不掩飾他們的私心和奢華，因而招致輿論關於「肥貓」的批評。

美國高階主管的自肥早就是一個問題。整個1980年代，美國企業高階主管薪資漲幅是212%；同一期間，工廠工人的薪資漲幅則只有53%，比通貨膨脹率還低。美國企業高階主管的薪資是基層員工的八十五倍，遠高於英國的三十三倍、德國的二十五倍和日本的十七倍。到了1990年代，美國這種差距更加擴大。哈佛大學甘迺迪學院羅伯．瑞區（Robert Reich）教授把這種現象的背後思維，稱之為「自滿個人主義者的迷思」。

印度毒氣外洩害三千人慘死

1984年12月3日，聯合碳化（Union Carbide）設在印度波帕的殺蟲劑廠，突然發生毒氣外洩，導致三千人慘死，另有二十萬人受傷，成為世界上死傷最慘重的一次工業意外。

1986年，我曾在夏威夷舉行的一次高階主管課程中，參與這個個案的討論，一開始老師播放一捲攝自現場的錄影帶，顯然是最先抵達事故現場的記者所拍到的畫面。我們看到新聞影片上，一個印度人在街上四處亂跑，因為他實在太驚慌了，完全不知道哪個地方才是安全的，那個新聞畫面對我們來說，是很直接的震撼。看到居民的表情是如此的驚恐，讓我們一下子就被帶到那個情境當中，真切去思考一個企業社會責任最極端的情況。老師要我們設想：如果我們是該公司總裁，我們會怎麼做？

接著，老師又讓我們看聯合碳化當時處理的情形。這家公司一開始先推拖，表示還沒確定是不是該負責，完全美式官僚作風。等到搞清楚之後，也沒有立即負起責任或積極處理，任由媒體輿論愈燒愈熱。然後，新聞影片又把鏡頭從事故現場拉回美國總部，該企業負責人並未立刻飛到印度，而是端坐在辦公室裡談這件事情。因為企業遲遲沒有做出善意回應，於是美國的律師事務所就像蒼蠅一樣，主動和當地的印度人連絡，表示願意出面為他們打贏這場官司，而只抽取部分賠償金做訴訟費用。結果這些受害者的家屬分別和八位律師簽約，這些律師團比印度政府還有效率，聯合幾千名受害者家屬出面求償，最後這家企業付出了10億美元的賠償金，導致這家大企業走向被併購的命運。

事件發生當時，企業負責人是否應不顧危險的到當地去處理，或是留守總部指揮全局，各方的看法見仁見智。但是災難事件發生後，能否用負責任的態度去面對，以及發言是否恰當，卻是關鍵所在。

中國毒奶添加三聚氰胺

2008年9月，中國的媒體揭發出一件駭人聽聞的消息，大陸知名的奶製品公司三鹿傳出在奶粉中添加三聚氰胺，以符合蛋白質含量的要求，這個魚目混珠的做法害許多嬰兒喝下可能致命的奶粉，一直到醫院裡出現因腎臟病死亡的嬰兒才爆發出來。這件事從中國大陸延燒到台灣、韓國、新加坡、印尼等國，這些亞洲國家也發現，食用毒奶粉的兒童出現腎結石的症狀。一個公司的過錯，不但造成許多無辜嬰兒失去生命，也嚴重損壞了中國的名譽。

日前看到河北一個地方法院對三鹿高層主管的審判，企業負責人被判無期徒刑，這個慘痛的故事演變成企業、消費者和政府三方皆輸的局面，可見企業如果忽視社會責任，後果將十分慘痛。

安隆和世界通訊的破產醜聞

2002 年，美國能源巨人安隆（Enron）和美國第二大長途電話公司世界通訊（WorldCom）破產案相繼爆發，造成美國投資人極大的震撼和損失，也引起司法界對於公司治理相關法律廣泛而沉痛的檢討。

安隆案的法官認為該公司董事長雷依隱瞞鉅額負債，並暗中脫手本身持股，以多項陰謀及詐欺罪判處最高一百六十五年徒刑，但雷依在法官宣布刑期之前即亡故，而前執行長和多位主管也分別被判了重刑。安隆由石油產業發展成為能源巨型集團，曾因創新能力備受世人推崇，甚至被《財星》雜誌（Fortune）選為信譽最佳的美國企業，沒想到，不到十年的時間由鼎盛而墜入深淵，導致破產，令人驚訝。

美國世界通訊公司前董事長艾柏茲也因為詐欺罪，被判處十年的有期徒刑。這個案子是眾多網路泡沫化之後所遺留的詐欺案之一，判決時廣受媒體的重視，因為世界通訊的資產規模幾乎是安隆的兩倍，因此破產後影響層面更廣大，被美國媒體稱為「美國史上最大規模的企業破產案」。

世界通訊前董事長艾柏茲其實是個傳奇人物，他經過一生的奮鬥，創造全美第二大的長途電話服務公司，沒想到卻因為這個事件毀了一生的美譽。世界通訊在2002年7月宣告破產時，公司股票從每股62美元跌到1美元以下的價位，公司的市值也跌了1800億美元，十分驚人。雖然艾柏茲在法庭上，一直強調個人對公司的會計弊端並不知情，但是陪審團仍認為檢方所起訴的九項罪名全部成立，同時被列為被告的執行長也同樣推諉自己不知情，但也難逃重刑。當初協助世界通訊承銷上市的公司包括摩根大通銀行等，則同意在集體訴訟案中和解，由十四家銀行支付約60億美元給受害者。

細究世界通訊的證券詐欺案，應該源自一個從眾心理以及對上司的盲從，會計連續六季竄改帳本，做出獲利37億元的假帳，好幾十位員工都知道公司這種欺騙行為，但是沒有人敢說出來。最後高階主管和知情不報的員工可說是玉石俱焚，全部蒙受人生難以平復的損失。

公司治理

經濟合作開發組織（OECD）將公司治理定義為，一種對公司進行管理和控制的機制。企業建立公司治理的機制，可以防範經營者不當的決策和行為。

台灣積體電路公司是台灣公司治理的模範生，董事長張忠謀先生曾在一場公司治理的國際研討會中提出：「公司治理是管理公司利害關係人（stakeholders）之間的關係。」

為了有效建立公司治理，企業首先要將所有權和經營權分開，股東會代表所有權，經營團隊代表經營權，董事會則是一個兩權合作和制衡的重要會議。公司治理必須建立在股東會、董事會和經營團隊的權力結構和監督制衡上，特別需要資訊的公開化和透明化配合。

企業經營者要為股東利益著想

公司治理的概念主要源自美國。十九世紀後期，美國工業迅速發展，資本家靠著大量生產或經營銀行而迅速致富，許多企業家堅信企業的主要目的就是獲利，於是運用了各種手段增加公司賺錢的能力。這種賺錢至上的思維主導了當時企業的經營者，直到一場學術論戰開啟了兩種主張的辯論，企業利潤以外的責任才廣受社會各界注意。

1931年，一位律師兼教授柏雷在《哈佛法學評論》上撰文主張：經營者受股東的付託，應盡其受託人（trustee）的義務，為股東的利益而經營。在次年出刊的《哈佛法學評論》上，有一位杜德教授提出反駁，杜德指出，他當然贊成保障股東的權益，但卻不能同意經營者只是股東的受託人，只為股東的利益而經營。

有人認為，經營者考量員工和消費者的利益並不當然損害股東的利益，在許多情況下，甚至還有利於股東的長期利益。但杜德認為，企業社會責任的意義，如果只是要經營者把目光放遠，以短期的犧牲換取長期的利益，那麼「經營者為股東利益而經營」的規律並沒有改變。

其實，柏雷原先的主張是要經營者善盡為股東利益著想的責任，主要是看到經營者用盡各種巧妙的方法，把公司財產據為己有，而政府視而不見，州議會甚至修法賦予經營者更大的權力來支配公司財產，而投資人不是習而不察，就是束手無策。這兩位教授的論點都是針對經營者的操守，柏雷認為他們受雇於企業應該把股東的利益放在最優先；杜德則強調他們也應兼顧員工和消費者，兩人的共同點都是要約束經營者，希望他們不要只顧自己的利益。

美國公司治理的革命性改變

美國的公司治理觀念在1980年代發生革命性的改變，當時家族企業的勢力沒落，專業經理人崛起，備受社會尊重，上市公司的股權愈來愈多為退休基金或共同基金所擁有。但是，美國法律不允許基金經理機構介入經營，因此投資的基金必須借重沒有股權的專業經理人管理。專業經理人是否能善盡代理人責任，他們擁有的權力是否有適當的制衡機制，成為一大考驗，於是美國法律設計了外部董事，扮演重要決策的把關和監督的角色。

管理大師杜拉克對這個議題十分了解，他認為大公司是一種人類機構，所以必須有個基本政策，讓個人野心和決策服膺公司福祉和生存的需求。換言之，它必須擁有一組原則和行事準則，以限制並指導個人的行動和行為。大公司必須好好維護它的社會組織運作，是確保生存的第一要務。當然，大公司是由人組成的機構，所以也不可能永遠存活。

相對於過去的家族企業，「公開上市」公司在社會上得到的肯定和支持也比較高，能夠得到更多法規的保障。這些公司會積極運用良好的公司治理，重視資訊的透明化，在世界各國運用自己的品牌，擴大市場，不怕政府打壓，也沒有任何後顧之憂。這種公司的型態對於許多以家族為主的華人企業而言，或許是個亟待突破的關卡，如果華人企業還不朝這個方向發展，將來在市場上勢必會面臨難以克服的困難。

跟任何其他組織一樣，公司要有效運作，就必須有清楚的權力結構。權力雖易讓人腐化，但也是維持組織效能的重要因素，組織為了盡到社會責任，必須對其正當權力負責。

但是，公司到底應該把權力交給家族大股東、專業經理人或是外部董事？是否要有監督和制衡（check and balance）的權力結構設計？當股權結構改變，原來的大股東藉由少數股權，想盡辦法捍衛經營權，可能同時是交叉持股、內線交易開始滋長的時期。

隨著所有權的分散，激發了經營權也必須接受檢驗的思維，而美國的企業演變可以做為公司治理的活教材。

惠普的權力戰爭

董事和股東之間的戰爭，時有所聞，近年來以惠普的個案最為扣人心弦。由於空降的惠普公司前執行長菲奧莉娜（Carly Fiorina）堅決主張購併康柏公司，經過董事會評估，認為策略上符合惠普的利益，而得到董事會其他董事的支持，與家族股東所率領的反對陣營展開前所未有的表決大戰。結果公司經營團隊險勝，代表專業經理人的勢力抬頭。但是不到三年，因為購併的成效未如預期，影響股東權益至巨，菲奧莉娜遭到外部董事發動的「董事會政變」，這位兼任董事長和執行長的女強人不得不被迫走路，造成熱門的新聞話題。

為何連家族大股東都無法對抗的經營團隊，最後卻被外部董事啟動改革，令外界驚訝與好奇。類似惠普的美國公司到底以何種權力結構在治理公司？為何美國的科技公司經常會出現董事會政變？

由於整個事件受到法律、企業文化、創辦人家族和社會觀感等錯綜複雜因素影響，以下用較多的篇幅討論。

董事會發動政變

原本菲奧莉娜以令人佩服的毅力和說服力在股東會上贏得險勝，經營團隊也在家族股東事後提出的訴訟中獲勝，可以算是一次經營團隊戰勝家族股東的經典之作，但因為惠普的業績在她的領導下並無起色，股價反而一落千丈，外部董事受到投資者的巨大壓力，於是董事會決定公推有深厚公司治理基礎的董事鄧肯女士，負責訂出菲奧莉娜的績效評估指標，並限期改善。經過半年，菲奧莉娜這位擅長業務談判的董事長兼執行長並未能扭轉惠普的命運，終於由外部董事決議請她辭職。

菲奧莉娜在任期內，頗受新聞媒體重視，據我的親身觀察，她確實是一位難得的人才。不過，公司治理的功能促使外部董事檢視她執行併購案的成效，並及早採取行動，以避免惠普掉入更大的泥沼。經過痛苦的決定，再度進行新領導人的甄選，終於產生了扭轉乾坤的功效。現在惠普由新執行長賀德（Mark Hurd）領軍，確實產生了振衰起弊的效果，有些媒體甚至稱他為惠普的葛斯納（Lou Gerstner, Jr.，編注：1993年至2002年擔任IBM的董事長兼執行長，帶領藍色巨人走出困境）。

請不適任的董事長、執行長走路，雖然顯得無情，但卻是董事會對社會負責的一種具體表現，兩害相權取其輕，是企業設計這些制度的智慧。

創業家族、老臣與新貴

惠普公司這次的戲劇性變化，引起研究公司治理的學者矚目，他們以這齣牽涉創辦人家族、原有老幹部和新的領導者共同演出的戲碼為教材，戲裡除了將赤裸裸的權力鬥爭搬上媒體，董事會裡也明爭暗鬥，用盡權謀，甚至演出雇用偵探社找出洩密董事的丟臉醜聞。

令人好奇的是，為什麼在1990年代中期還被媒體推崇為企業模範生，甚至被幽默地以童子軍形容遵守企業倫理的惠普人，短短十年左右的時間，惠普人的格調就墮落至此？

根據我個人和一些美國惠普老友的觀察，惠普推動的世紀變革固然是為了改變自己，以適應時代的潮流，但是許多變革同時也破壞了優良的文化傳統。由外面空降的經理人中，不乏擅用謀略獲取短期績效和升遷的主管，他們還來不及了解和吸收惠普原來良好的文化，就急著推動新政，引起很大的反彈。董事會裡又瀰漫著家族老臣和改革鬥士對立的氣氛，從菲奧莉娜到鄧恩擔任董事長的這段期間，可說爭議不斷，造成了紛紛擾擾的政治鬥爭。

其實國際知名的大型電腦公司出現董事會請董事長走人的故事，已經有好幾樁，據我知道包括IBM、迪吉多、蘋果等公司都發生過。

表 7-1 知名大型電腦公司曾發生的董事會政變

年份	公司名稱	當時的董事長	政變結果
1985	蘋果電腦	喬布（創辦人）	被迫離職，1997年又回公司領導
1993	IBM	艾克	被迫離職，由葛斯納接任
1994	迪吉多	奧森（創辦人）	被迫離職，由巴默接任
2005	惠普科技	菲奧莉娜	被迫離職，由鄧肯接任

組織內權力的制衡

常言道：「權力使人腐化，絕對權力使人絕對腐化。」正由於權力容易為人濫用，牟取私人的利益，所以要設計適當的制度，讓權力受到監督與制衡。

現代的企業的股權已經少有由家族掌握的情形，反而是退休基金和共同基金占了相當大的比重。在美國的法規中，大部分的基金法人機構不被允許擔任投資企業的董事，其用意是避免基金經理人長期捲入一家公司的經營問題，期望他們完全客觀地依照企業經營的績效來決定投資的比重，並且隨時可以買賣。許多國家雖然沒有類似的規範，但是良好的基金管理者也會避免參與董事會而影響投資的判斷。

但是，出現了一個矛盾的現象：占股權最多的基金管理機構並不直接參與治理，反而委託沒有股權的獨立董事負責。過去家族企業中。家族壟斷決策的弊病經常備受批評，但是家族通常比專業經理人更關心公司的長遠發展，專業經理人的流動大，受到市場影響，相對也較重視短期績效。像1997年亞洲金融風暴中就發現，包含韓國在內不少國家，都有非常嚴重的公司管控疏失，引起各國的重視。而公司治理可以強化對公司權力的規範和制衡，等於為公司建立較為完備的政治遊戲規則。

到底公司應該是什麼？它只是一個為股東賺錢的組織，或者是創造工作機會的機構？公司是否負有社會責任？美國的公司傾向有清楚的邊界，他們大多是所有權導向，以股東利益最大化為經營原則。反觀日本企業的疆界一直是很模糊的，他們大多是關係導向，常把員工派到關係企業，建立一個和諧的網路，公司關係的基礎是員工的參與，而不是股票基金的參與。德國公司的模式則是讓社會契約導向，強調公司在社會和環境上應負的責任，規範非常清楚。

企業公民

「企業公民」是許多卓越企業具有的企業精神，這些公司秉持著企業也是社會的成員，不管在哪裡營運，都應善盡當地社會公民的責任，這種精神在這些企業愈來愈國際化之後，也隨之被帶入世界各國。事實上，所謂「企業公民」的概念特別適合跨國企業，跨國企業雖然來自不同國家，但依然必須遵守當地的法令、在當地繳稅，為了瞭解各地的規範，首先必須要能成為當地社區的「好鄰居」。要成為「好鄰居」，首要之務是關心當時當地社區最重要的議題是什麼，企業可以選擇教育、環保、醫療、慈善等公益，動用資源，為社區奉獻。由於企業的努力，不但創造良好的形象，連帶也幫助了住在社區的員工。

企業也要關心公共事務

許多台灣企業，並不認為公共事務是重要的事，常以業績和利潤掛帥，久了以後，不但企業內員工以金錢和個人成就為最高依歸，甚至影響了社會風氣，讓一般人也以追逐金錢為人生最高目的。台灣高科技企業雖然以知識工作者居多，可惜並不像矽谷的公司普遍重視社區，這是我們應該虛心學習的地方。獨善其身的企業未來將會因為缺少崇高的人文關懷，逐漸失去吸引員工的魅力，也容易在獲利稍差時，完全失去員工的忠誠，有遠見的企業家應當深思這些可能的隱憂。

惠普科技創辦人早在1950年代，就曾在企業家會議上倡議企業應盡社會責任，當時幾乎沒有任何企業家支持，令他深覺訝異和挫折。但他仍堅持自己的理念，帶領惠普成為矽谷令人尊敬的企業，也深深影響員工的價值觀，當初反對這些理念的企業，後來反而大多消失無蹤。

最近一次與已經離開惠普的老同事聚會，商討舉辦隔年「惠友」活動的計畫時，聽到好幾位同仁都提議共同做公益，讓我既驚訝又感動。在惠普工作過一段時間的同仁，都贊同除了追求績效表現外，也應該積極扮演社會中堅份子的角色，參與社會公益，而這種文化和價值觀並不盡然存在於其他企業，甚至許多大型企業內部都觀察不到這種氣氛。

鼓勵擔任企業志工

企業公民的具體實踐之一是鼓勵企業志工。美國是志工發展十分成功的國家，根據一項調查研究發現，美國每週參與志願服務工作四小時以上的人口，有九千萬人之多。在美國科技界，特別是矽谷的公司，比一般公司更積極從事志工工作，有些公司允許員工可以帶薪休假，投入志工工作，時間少則一天，多則長達一年（需經公司特准）。例如，公益團體可以向企業借調人員擔任其理事長；有些科技志工負責政府指派的工作；美國的公會、協會也常常向科技公司借將。

台灣的科技公司，大多已經具備企業公民的觀念，科技人也積極參與社會公益。2003年9月底，我應邀參加第一屆「科學志工卓越領袖論壇」，這個活動由國家實驗研究院高速網路與計算中心發起，國科會、青輔會、內政部等單位參與協辦，此次大會特別邀請國際志工協會（IAVE）世界總會會長Liz Burns來台演講並全程參與活動。

所謂科學志工，是指從事科學研究或技術發展的人員，參與社會的志願服務工作。社會上固然已經有許多熱心的志工參與各式各樣的公益活動，但是這次科技界的盛會，更積極地表現出科技人投入志工行業，並善用科技協助公益團體的決心。

產官學跨界合作

企業貢獻在公共事務另一個常見的方式是參與公益性的非營利組織，擔任董事、理事或監察人的工作。在台灣，由於產官學研的合作早就具有基礎，跨界合作的經驗並不欠缺，民間設立公、協會，促進實現一些共同目標的情形非常普遍，政府為了更有效推動某些政策，也常成立半官方的組織。

像資訊工業策進會這種半官方的基金會，就兼具了推動產業和服務社會的功能。而領導這種組織的董事會，多半是由產官學研組成的團隊，在我擔任資策會董事長任內，擔任董事的包括前教育部長曾志朗、黃榮村，企業領袖施振榮、苗豐強、黃茂雄，以及中研院資訊研究所長李德財、前工研院院長史欽泰等重要領導人，大家經常使用共同的管理語言，也借用企業顧客導向、策略規畫等觀念。

我非常感激這些領袖級人物的無私奉獻，畢竟一個社會的進步，除了各部門本身要追上時代腳步外，如何有效形成跨界合作也是極為重要的課題。

資策會裡不乏重視使命的同仁，相較於企業，帶引這群人更需要符合國家社會全體利益的一種宏觀目標。我記得，當時董事會為了幫資策會尋找一個轉型所需的新使命，足足開了五小時的會，絞盡腦汁，反覆討論，足見當時這些領袖人物多麼重視這件事。

另外，我曾服務過的交大思源基金會的董事中，也包含了前國科會主委魏哲和教授、企業家張忠謀、施振榮、曹興誠、高次軒、朱順一等領導人，思源基金會由交大校友捐助成立，期望在科技和管理方面為亞太地區開創新局面。

溫室效應與氣候暖化

由於冷媒（氟氯碳化物）等氣體排放，破壞了臭氧層，加上二氧化碳過多，造成溫室效應，使人類面臨前所未有的環境威脅，因為這些問題不斷惡化，國際社會改制定較高的環境指標，對企業的影響很大。

現今很多歐洲國家在政府採購上，限定只有綠色標章的環保企業可以投標，對大型企業的供應商，影響不可說不大，企業應該要未雨綢繆。這些努力逐漸讓環境保護的觀念，成為許多消費者的良知或意識型態，消費者在採購的選擇上，可能會偏向綠色產品，即符合環保概念的產品，廠商如果不注意這種消費趨勢的演變，將失去不少市場，特別是在重視環保的歐洲。

今天的歐洲，兼具多樣性和包容性，不僅關心經濟成長，也重視生活品質，強調社會各組織間的關係和義務，兼顧環保的永續發展，並透過對話和協商推動全球合作，像最近歐盟堅持施行的環境新政策就是具體的例子。

歐盟對環境議題的規範

歐盟為了減少廢棄電機電子設備產品對環境造成的汙染，2003年制定了「廢電機電子設備回收指令」（WEEE，Waste Electrical and Electronic Equipment），敦促各成員國立法，嚴格執行電機電子廢棄物的回收。歐盟頒發的這個指令，要求電機和電子產品製造廠在銷售到歐盟區之前，必須與當地廢棄品回收機構合作，確保舊品能夠有效地回收。

歐盟更針對有毒物質嚴格把關，制定「電機電子設備產品危害物質限用」（RoHS，Restriction of Hazardous Substance）指令，並在2006年開始生效，規定所有的輸歐產品中都不能含有六種有毒物質。

歐洲曾經飽受核能輻射的威脅，1986年車諾比事件（編注：歷史上最嚴重的核能發電廠意外）發生後，大量核子污染雲層自烏克蘭飄向歐洲，因為當時蘇聯官員未能即時向其他國家預警，因而掀起巨大的反蘇情緒。

歐盟領袖認為，二次大戰後各國描繪經濟重建的藍圖時，並未將環保議題列入考慮，導致經濟發展沒有注意到對環境的危害，現在必須有一個特定的體制來解決全球的環保問題。對從事經濟活動的人而言，常把自然環境視為可以免費傾倒廢棄物的地方，如果不規範企業的行為，沒有人會願意為了防治汙染而增加成本，因此環保必須透過全球合作來執行。

另外，能源的耗用也是歐盟關注的議題，歐盟在2005年通過「能源使用產品生態化設計」（EuP，Energy Using Product）指令，藉由規範能源使用產品的生態化設計要求，提高產品的能源效率及環境績效。

追求世界永續發展

自WTO杜哈回合談判之後，各種貿易相關議題仍懸而未決，世界各地社會與政治衝突的緊張氣氛依然持續，嚴重的貧窮問題尚無具體的解決方案，環境污染和氣候變遷也亟待國際合作。在經濟面向中，全球化到底是好是壞，也許尚無定論，但是從歐美高收入、低成長的國家，到中國、印度等高成長、低收入的國家，近年來都不約而同積極推廣企業社會責任（CSR，Corporate Social Responsibility）的發展來看，企業界面對世界永續發展的議題，確實應該要有不同的思考。

除了政府以外，企業是世界永續發展的重要推動機構，企業掌握並耗用了龐大的經濟資源，如果不加以規範，勢必讓地球難以負荷。這一代的人類如果只顧自己，未來子孫將面臨難以生存的困境。

企業社會責任

企業生存的目的雖然是為了達成經濟效益，但也需要考慮其對社會的責任。

經濟學之父亞當．史密斯（Adam Smith）的《國富論》影響資本主義甚巨，他的論述中強調，人的本性中除了自利心外，也具有同情心和利他心，願意將自己所有的貢獻給別人。為了發揮這種同情心和利他心，社會鼓勵分工合作，互通有無，以達成更好的結果，就好像有一隻看不見的手在調和自私和利他的行為，促成社會的和諧。這個觀點如同《禮記》「禮運大同篇」中所倡議的「貨惡其棄於地也，不必藏於己；力惡其不出於身也，不必為己。」東西文化中都有這種論點，隨著人類社會的演進而長存，中國在兩千多年前就成為富裕的禮儀之邦，這種世界大同的思想貢獻很大。

利己也要利他

不論中西方，都曾為理想社會如何兼顧公私而探討更好的機制。企業雖是為了經濟需求而形成，以創造價值和利潤為明顯的目標，但是企業也不能忘掉資本主義所根植的，除了自私心外，也包含了亞當．史密斯所相信的利他情操。企業實現利他心，除了重視本身提供給社會需要的產品和服務外，也應該關心社會共同的問題，至少在員工、供應商、經銷商和顧客共同形成的利害關係人社群內，能盡量兼顧大家的共同利益。

大多數的企業，常陷入利潤掛帥，充滿自利思維的情境，就算最初創辦人是本著對貢獻他人的使命開創事業，但經過幾代之後，接班的領導者和專業經理人往往不再具備利他的情操。他們或者在財務壓力下完全以利潤為導向；或者以自己個人的利益為優先，最後做出對企業、甚至對社會不利的事，演變到有些宗教家戲稱的「窮得只剩下錢」的地步。

企業倫理是現代社會一個非常重要的議題，如果不加重視，企業危害社會的程度將日益嚴重。而且企業的信譽一旦受損，就像破碎的玻璃，不太可能再黏合成原來的樣子，強調企業社會責任，就是珍惜企業信譽的具體實現。其實企業只要分出一部分資源，做些純粹奉獻和利他的事，一定可以獲得員工的支持和推崇，引導員工也參與，對於員工所居住的社區就會產生正面的影響。

企業要如何開始呢？在有限的資源下，企業可以先選擇朝互惠互利的方向努力，檢討自己對利益關係人的貢獻，諸如員工的福祉、顧客的滿意和守法的堅持等。行有餘力，企業可以更積極投身於公共事務和公益活動，常見的做法如捐贈、設立基金會和提供義工等。

企業具有的創新精神和經營能力是非營利組織所欠缺的，但是非營利組織也具備企業不足的使命感和熱忱，兩者若能結合，可以發揮驚人的效果。如圖7-1所建議的，企業可以由重視自身利益的現況，發展互惠互利的機制，甚至也撥出一些資源，純粹以利他的精神從事公益，回饋社會。

圖 7-1　企業社會責任的觀念

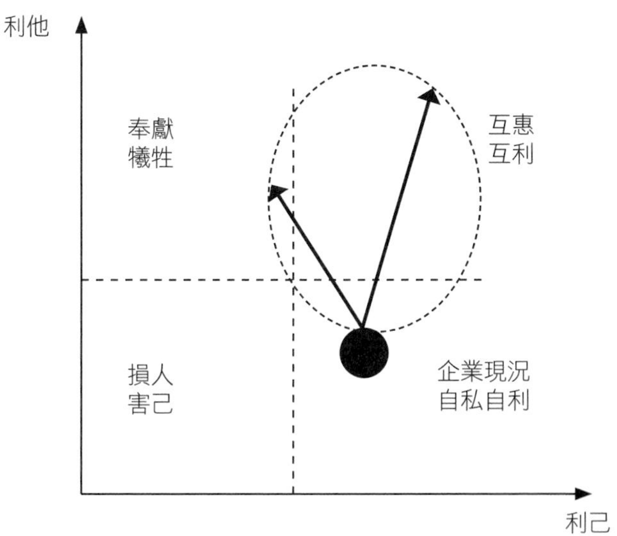

企業落實CSR

企業家從事公益活動的為難之處在於，有時難免在公司經營和社會公益的時間分配上產生衝突，有時自己也知道該「適可而止」，但還是忍不住有「要是時間能再多一點就好」的感慨。唯一能彌補時間有限的方法，就是透過企業的參與去影響更多的人加入，讓更多企業都能發揮「企業公民」的力量，去認養更多的公益團體，才能發揮更大的力量，做到更多政府無暇顧及的事。當企業決心以奉獻犧牲的精神去照顧別人或別的團體，往往有助於學習更加關心、體察社會需求的心胸，無形中讓企業的經營哲學脫離自私自利的狹窄範圍，走向海闊天空的互惠互利空間。

參與坊間基金會的運作

企業成立基金會，往往是希望從盈餘中撥出一部分回饋或貢獻社會。雖然本意良好，但是能夠真正經營得有聲有色的基金會，往往比純粹獨立的公益團體少，為何會有這種現象呢？據我的觀察，除了企業能夠真正投入的資源有限外，傑出的獨立公益團體常可以募到大量的捐款，甚至得到政府的贊助，像台灣的慈濟功德會和董氏基金會，都是成功的基金會典範。建議企業不妨多協助坊間獨立運作的基金會，不一定非要自己經營基金會。

參與政府組成的任務小組

政府受到法律和體制的限制，往往無法有效地解決社會的種種複雜問題，因此政府常常邀請企業界人士參與各種委員會或工作小組的運作。身為社會成員的一份子，企業人士可以幫助政府用較有效率的方式服務社會。像先進國家常運用各種民間義工組織，大幅提升政府的創新能力，很值得台灣參考學習，企業也應鼓勵自己的經理人和員工熱心接受政府邀約。

社會企業為企業贊助公益的新機會

企業贊助公益事業的另一個方式是投資設立社會企業。社會上許多弱勢團體，因為沒有足夠的機會和能力，只能靠政府和私人捐贈維持，常常斷炊、難以為繼，尤其是過去公益基金會的運作多仰賴基金的孳息，如今利息大幅減少，因此靠自己自力更生的需求便十分殷切。

晚近一些有志之士倡議建立社會企業，社會企業還不是一個定義明確的名詞，大致上是指為了社會公益而設立的公司，不以營利為目的，但採用公司的經營方式，協助弱勢人士就業或創業。這個模式的觀點是，幫助需要幫助的人除了無條件捐助外，最好能幫助弱勢人士學習自立，教他們謀生的技能，給予他們應有的尊嚴和地位。

為了避免資本主義過於強調利潤和財富，以及社會主義過於依賴政府規範和無私善心的天真想法，我們應該鼓勵許多創新的機制和組織，用經營管理企業的觀念和方法，純粹為了社會公益而設立社會企業。理想應該崇高，方法卻需務實，社會企業提供了一條不同的道路，也給有志奉獻社會的人一個嶄新的機會。

8
展望未來

當時代的腳步走入第三個千禧年，不難發覺這個連網互動的世界，
變動幅度之大，已經跟過去的世紀大不相同。
企業唯有擺脫工業時代的思維，不斷地偵測環境變化、
啟動必要的革新，同時運用學習來創新轉型，才不會被時代淘汰。

人類進入第三個千禧年的二十一世紀才剛剛開始，我們就歷經許多前所未有的重大事件，光是在世紀轉折之際，千禧蟲（Y2K）對全球電腦設備的威脅就是新的考驗。接下來發生了震驚全球的九一一恐怖攻擊，代表著宗教衝突的新發展，網路泡沫化、SARS和金融危機，都讓人類社會飽受驚嚇，這些變化跨越國界，而且變化的速度還在加快，難以預料在本世紀末人類的生活將會是何種風貌。就企業經營而言，除了每天所面對營運相關的工作外，也要關心明年、後年，甚至十年後的變化。高科技公司面對技術革命的衝擊，只有在經營管理上具備應變能力、能將變化轉為機會的企業，才會是最後的贏家。

走出工業時代

身為引領企業昂首向前的企業領航者，首先要體認我們要航經的將是一個不可知的新世界，從某些角度看，我們所處的企業很像初次飛往太空的太空船，對於外太空的許多事務仍然缺乏足夠的知識。我們盡可能做好該有的學習和演練，但是也要提高警覺和危機意識，隨時準備調整我們的航程，並做出應變的措施。駕駛飛機的經驗固然有助於太空飛行，但是太空飛行的複雜度和風險遠高於駕駛性能穩定的民航機，因此企業主管需要完全不同於工業時代的訓練和經驗，企業必須提供主管學習的機會，以帶領企業轉型到適合新時代所需的型態。

唯有願意學習和轉變的企業才具備生存下去的條件，也才有機會永續發展。以工業生產所發展出來的管理方式或許仍對某些製造業有其意義，但是無法確保大多數企業的生存。

從宏觀面來看，我們不難發覺全球連網互動的世界已經跟過去任何世紀大不相同，大多數人們的工作將不再是務農或在工廠裡製造產品，新的工作方式不論是專業的知識工作，或是純粹的勞務服務，將建構新社會的文化。工業社會造成的都市化、環境污染、貧富懸殊、氣候暖化和能源短缺等問題，有待這世紀來尋求解決。企業面臨著過度競爭，過去輕易獲利的產業現在則陷入經營困境，在從工業時代邁入一個新時代的過渡時期中，變化成了常態，速度加快，而且難以預料。

未來需要彈性或有機的組織

上世紀管理科學為人類創造了大型工業公司所需的組織，基本上這樣的組織比較適合以機器運作的企業，在現在我們所處的新世紀，我們還不確定哪一類型的組織適合企業。但是，工業型態的組織肯定將步入歷史。新的組織也許較具彈性、較像有機體，或者較像大腦神經網路的結構。新組織的目標將以知識如何做最佳運用為主，它一方面要吸納優秀傑出的人才；另一方面則要讓這些人才的智慧發揮最大的功能，現在預測最佳組織型態仍嫌過早，許多革命性的觀念和技術還未發展成熟，他們的影響也暫時難以評估。

在這樣等待改變發生，不確定改變的路徑和範圍的關鍵時刻，最佳的政策當然是提升自己的適應能力，迎接各種變化的來臨。晚近的管理著作倡議組織應更鬆散、自我管理，甚至應該自我組織，無非是先將僵硬的結構鬆綁，讓自己比其他競爭者更能應變的想法。我認為，新世紀成功的企業將具有隨環境調整的能力，不斷地偵測環境變化、啟動必要的革新，同時運用學習來創新轉型。

金融海嘯後的省思

這波金融海嘯，使得許多國家陷入1930年代以來最嚴重的經濟衰退，政府都端出挽救經濟的措施，台灣的科技業過去未曾掉入如此的困境之中，必須密切注意世界科技產業的演變。創新與發明無疑將是繼續成長不可缺的要素，製造技術是否足夠讓企業長久存在？企業必須重新檢討在整個價值鏈中自己的定位，並調整策略因應。許多純代工製造的公司可能要開始學習全球運籌管理、產品回收、售後服務與品牌行銷等本領。

雖然這次金融海嘯經過各國政府積極紓困，已經脫離最危險的時刻，但是海嘯後的世界景氣是否能恢復過去榮景？失業人口是否能全部再得到雇用？許多不確定的因素將使科技公司的前景蒙上一層濃霧，企業應該更努力思考在全球價值體系的戰略定位。

另外，這波全球金融危機一方面宣告了全球一體的時代來臨；也同時讓我們有機會審視自由貿易的實際狀況。全球的經濟，很大的比重愈來愈仰賴跨國合作來完成，貿易總額已經占國內生產總額五分之一以上，這還只是實體商品貿易統計的結果，如果把現在用網路傳遞的各項非實體經濟加值活動考量進去，比例將更高。全球的分工合作，將引導人類更加善用各地的傑出人才，企業也會積極協助跨國團隊提升整體的效能。

網際網路正快速地把全世界的人類帶向一個更大的自由市場，在網路空間中，沒有國界和國家的管制，人們自由溝通交流，電子商務有效地克服時空障礙與限制。

知識掛帥的新社會

毫無疑問的，這個新世紀是一個以知識為基礎的新社會，科技公司勢必更加注意知識的發展和應用。對於與工作有關的知識，多半可以在公司原有的文件或電腦中找到，但是特定問題的解答常常要藉由個人或團體的思考。不同專業背景的人在一起為特定問題找出解決方案，包括資訊的收集、分析、腦力激盪、創意思考，然後討論、驗證、實做，構成了一個特定情境的知識，由於其特定，往往稱之為「智慧」。

新的經濟體系或財富創造機制愈來愈依賴資料、資訊和知識的交換。工作者無可替換的是腦子裡的象徵符號或專業知識，知識所帶動的科技創新，配合事業經營的新模式，將會繼續改變人類社會，而且重新啟動報酬遞增的經濟成長。一般所謂的知識，常指過去經驗或認知所累積的準則，但是對於新的或複雜的工作，必須在公司接受的價值觀和成本內達成，就需要特定的知識，也就是智慧來促成。

因為競爭得不斷創新，能把實際需要和知識結合，創造新價值的人變成英雄，但官僚式的權力卻扼殺創意，企業必須變為更靈活和柔軟，以彈性的組織和制度吸引傑出的人才。

在管理的範疇理，當人們把管理當作一門科學時，就必須使用前提、概念和專門術語來做為研究的基礎，工作中很重要的部分變成符號化與抽象化，知識的架構與網絡，協助專業人才將知識和有用的概念轉化為人們所需的方案。過去大型企業強調的終生雇用和員工忠誠將不容易再現，或者僅是很少見的現象；現代企業必須學習與傑出人才以契約、委外等方式合作。這種較為短暫而任務導向的合作需要以誠信為基礎，而品格操守和企業的價值觀決定了誠信是否穩固而持久。知識可以創造財富，掌控權力，但也需要負擔責任，知所取捨。

智能與智慧的關鍵角色

世界已經由生產有形的物品（原子）進化到以知識（位元）創造價值的新時代，象徵性的概念、構想、創意是主要的價值來源。智能（intellect）用於表示人類藉知識而產生價值的能力或資源，現在的企業十分重視智慧財產權，即指智能所產生的專利和著作權等；智慧（wisdom）是除了知識以外，也常有一種兼顧人生經驗和哲學的判斷，例如人情的練達、選用人的藝術等，智慧除了顯性的知識外，也具備了隱性的知識。

台灣戰後快速地發展工業，以驚人的成長速度追趕先進國家，從加工出口再發展自主的工業。1980年代，台灣積極推動高科技產業的政策，配合全球數位電子的契機，獲得了不凡的成績。但是1990年代，台灣剛建立一點點基礎的個人電腦和半導體工業，在大陸的磁吸效應下，紛紛登陸設廠，資金、人才和知識的流動，造成了產業大規模外移。以筆記型電腦為例，1995年時絕大部分的製造都還在台灣，到了2005年，90%的生產都移到了海外，這麼快速而大幅度的變化，使台灣本身調適不及。因此，發展以知識為基礎的產業，刻不容緩，智能和智識將是創造下一波經濟成長的要素。

由於台灣教育的普及，知識可以廉價取得，以改善謀生的能力，台灣的政府當局和企業應當思考，一個國家如何藉由「知識公共財」的增加，來創造更多的競爭優勢？

績效與永續發展指標並重

這次全球金融風暴的發生，原因固然很多，但沒有節制和監管的金融操作是其中非常關鍵的因素，全球資金的自由流動，大幅增加投機性的活動，而且跨國的金融服務很容易規避任何政府的監管。

貨幣制度本身有一定程度的風險，如果穩健運作，可以協助工商業朝更有效運用資金的方向發展，但如果不顧風險，則可能瓦解整個信用體系。

日前舉行的G20（編注：二十大經濟體，包括十九個國家和歐盟）會議，先進大國除了同意投入上兆美元救經濟外，也探討了金融體系的改革。金融體系的建立，本來是為了商業活動提供資金，但如果管理過於鬆散，許多資金將會追求短期而高風險的套利機會，現在就是因為投機套利占了全體金融交易的比例過高，才會發生問題。

以金融界而言，一味追求績效的結果，把太多的酬勞給了高階主管和操作高風險的衍生性商品專家，當他們把自己的機構搞垮時，許多無辜的員工跟著遭殃，更嚴重的是許多投資者畢生的積蓄也付之東流。對受雇的中產階級而言，這波金融風暴的衝擊，除了失去工作的威脅外，許多人的退休基金或保險基金所投資的股票或者債券都損失慘重，退休後能否過有尊嚴的生活實在很難預料。

金融風暴再一次帶給人類教訓，沒有節制的貪婪和自利行為將導致災難性的後果，人們在物質和能源方面無止境的欲求，也將嚴重傷害賴以生存的環境。新世紀的企業必須將永續發展列為重要的目標，節能減碳、珍惜環境必須在公司的政策中明確說明，並提出具體行動方案，除了財務指標外，經營團隊也應重視與永續發展相關的指標。

社會責任與公司治理

西方的科學管理，起源於工人的生產力研究，最初以工作分析和按件計酬為訴求，漸漸增加了人性和人際的研究。為了創造社會的財富和福祉，管理學又探索團隊合作、組織結構和策略等議題，科技的創新和管理也成為熱門的題目。

近年來，先進國家為了導引企業建立永續經營的體制，紛紛倡議企業的社會責任。當企業的權力愈來愈大，社會就必須要求企業對生態環境、員工福祉、消費者權益以及全球氣候等問題，善盡一份責任。企業的經營有必要藉由一套良好的公司治理制度，確保企業獲利，同時達成社會期待更高的責任標準。

企業領導者必須充分了解這種殷切的期盼，虛心學習聆聽，並聘用外部人士擔任董事或諮詢顧問，以達到企業和社會互惠互利的境界。

企業常因有知識的掌權者胡作非為，因而蒙受難以彌補的損失，因此對知識份子的道德良知要求，一定要很嚴格，否則十分容易腐化。

受到金融海嘯的衝擊後，各國領袖除了祭出各種紓困方案，也信誓旦旦表示應該加強金融管制，限制衍生性商品的自由發展，公司治理再度成為世人關注的議題。

圖8-1 企業轉型與環境互動之模型

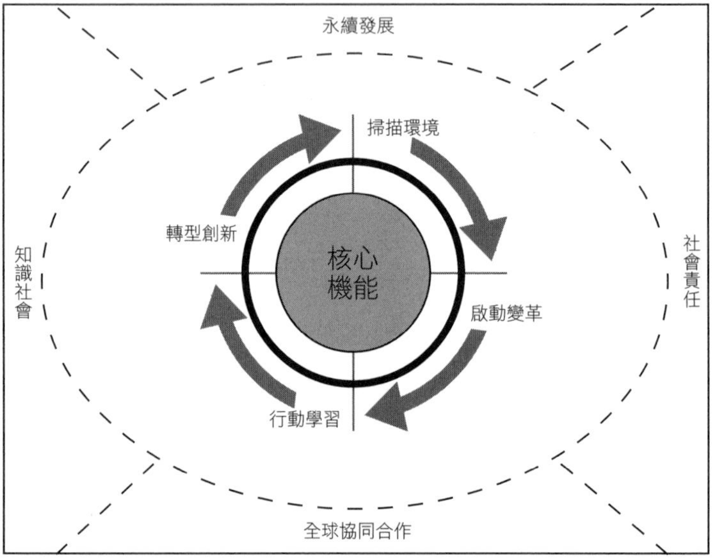

永續發展
社會責任
全球協同合作
知識社會
掃描環境
啟動變革
行動學習
轉型創新
核心機能

管理學面臨新挑戰

管理學經過了一百年的演化，對於人類社會的影響巨大且深遠，現在我們已經逐漸進入一個以知識為基礎的新世紀，先進國家大多已經脫離工業社會的型態，新世紀的新現象包括網路、新能源、基因技術都提供了創新的大好機會。企業必須學習在新的環境中適應，並尋找更創新的經營管理模式。

企業的發展已經成為社會的機會，全球化企業必須負起人類社會該盡的責任，如重視環境保護、消費者權益和在地的社區發展，共同創建人類新文明。

如同本書序言所提到的，二十一世紀是一個快速變化的時代，我們必須以全新的眼光來觀察新的世界。管理學發展的背景，原來是為了替工業型的大企業提升人員和組織的效能，經過一百年的發展和演變，管理學對於人類社會的演進貢獻卓著，但是以實體商品製造為目標的管理原則，如今也面臨瓶頸，隨著時代演變，管理學不得不跟著創新轉變。

在這方面，有一些具前瞻眼光的科技公司，可做為我們借鏡和參考，這些科技贏家所具備的智能是遍布在整個組織中的，每個員工都有某些領域的專業知識或者人際關係的技能，能夠在市場上提供顧客所需的產品或服務。

新世紀出現了網路、全球化和個體工作的經濟型態，無數的專業工作者會選擇較具彈性的工作方式，他們不一定期望附屬於一家企業，反而嚮往比較自由的自由契約、部分工時，甚或志工類型的工作。

現在我們歷經這一波電腦、網路和無線電話等數位電子科技的衝擊，世界風貌完全改觀，在一個新舊社會交替的過渡時期，企業應以大環境需求為基本的目的，努力學習和改變自己，必須繼續學習在經營上尋找創新的方法，以求得永續發展的生存條件，管理學的新挑戰則在如何結合知識工作者，以腦力和智慧的創價能力，形成經營的創意，為人類社會開展新局面。

以創新格局面對未來

最近這一波金融海嘯，嚴重地衝擊了全球經濟，可能造成1930年代大蕭條以來最嚴重的衰退。這次的危機考驗著政府和企業的應變能力，能否洞悉未來的機會和改革的途徑。另外，石油耗竭和氣候暖化的問題，產生了人類的生存危機，大量耗用資源和能源，造成生態的不平衡，我們應趁還來得及的時候趕快補救。

貧富懸殊不再只是窮國和富國之間的議題，收入兩極化造成的社會緊張是所有國家的現象，除了透過政府立法和制定政策以縮小貧富差距外，企業也應將薪資結構調整，避免少數主管過於貪婪。

身為上世紀工業典範的通用汽車，已經面臨破產邊緣，而本世紀初才上市的新公司Google卻在短短的幾年創造出驚人的績效。在大多數先進工業國家中，從事製造業的勞工人數將在十年內銳減，占就業人口的比例也將在十年內降到10%左右，以腦力為主的專業工作和各種服務性工作變成新增工作的主流。組織的功能，從過去指揮命令與分工合作發展到能聚集人才、協同創造、自我組織、互惠共生。人們應該從追求物質享受轉變為重視心靈和精神的意義和快樂。企業領導者更應該以身作則，帶引企業邁向更為多元而平衡的目標，從快速忙碌的工作之中，尋求精神層面的充實，多思考生命的意義、世界的和平、環境的永續以及家庭親情、友誼聲譽等高層次的滿足。

原料與能源在工業中所占的比重日漸降低，1920年代的代表性工業產品是汽車，生產成本中60%來自於材料與能源；1980年代的代表性工業半導體晶片中，原料與能源卻只占生產成本的2%；而新世紀的軟體和網路公司所占的比例更低。一公斤的IC其附加價值遠超過一公噸的煤炭，因為IC晶片內含豐富的知識智慧。

未來不論是政府或民間企業，都要特別重視知識的生態環境，藉由政策來吸引和培養優秀的知識工作者，建構以知識的價值創造為主要根基的組織，並強化知識的產生、分享和應用。

亞洲華人將再展雄風

隨著中國大陸的改革開放，將龐大的資源和能量用於經濟改革，創造了快速的成長，現在已經成為世界工廠，GDP也將超越日本，可望成為世界第二大國。流著華人血統的我，此刻自然對於華人企業的前景十分關心，中國曾經是世界上科技最富創新的國家，發明的絲綢、羅盤、火藥、印刷術等曾經為西方世界所欽羨，但是當西歐國家藉由近代科學的研究，帶動社會突飛猛進的黃金時期，中國卻陷入了長達六個世紀的黑暗時期。

雖然目前是世界動盪不安的時期，但也是人類思考新世紀文明的最佳時刻，華人世界應該重新審視科技、經濟、政治、法律與社會的新方向，在世界舞台上力爭上游。華人企業更應該引進最前瞻的管理觀念和制度，讓人才充分發揮，智識用於創新，並且以社會為己任，以全球為發展範疇。

從鄭和下西洋所造的三百十七艘船艦的工藝來看，中國的科技和製造能力一直到十五世紀時仍然是舉世無敵，但歷史的發展告訴我們，明朝後來的政策轉變，造成往後數百年中國的封閉和自滿，不求進步，導致中國科學和工商業的落後，使西方人後來居上，稱霸全球，而且在清朝末期，外國人幾乎成功地占領中國為殖民地，台灣更曾被割讓給日本，接受日本人五十年的統治。最近三、四十年，海峽兩岸的中國人先後改革開放，積極追趕西方，在經濟成長上獲致初步的一些成就。

華人企業，特別是華人科技公司，是否能勝過西方，稱霸全球？我個人覺得非常樂觀，我們應該謙虛地學習西方的長處，融合我們獨特的文化優勢，勇敢地走向一個新世紀。我們需要的不僅是勤奮和敬業，更需要符合新世紀的贏家智慧。

此刻我的心情，很像凌晨在阿里山上迎接東方的第一道陽光一樣，充滿興奮和期待，旭日東升，東方即將大放光芒，亞洲的華人將重展雄風，恢復祖先的光彩。

附錄──參考文獻

巨變時代的管理，彼得．杜拉克著，周文祥、慕心編譯，中天出版，1998年

改造企業：再生策略的藍本，韓默（Michael Hammer）、錢辟（James Champy）合著，楊幼蘭譯，牛頓出版，1994年

數位神經系統，比爾．蓋茲著，樂為良譯，商周出版，1998年

數位革命，尼葛洛龐帝（Nicholas Negroponte）著，齊若蘭譯，天下文化出版，1995年

大未來，艾文．托佛勒著，吳迎春、傅凌譯，時報文化出版，1991年

國富論，亞當斯密（Adam Smith）著，謝宗林、李華夏合譯，先覺出版，2006年

我看英代爾：華裔副總裁的現身說法，虞有澄著，天下文化出版，1995年

惠普風範，大衛．普克著，黃明明譯，智庫出版，1995年

黃河明的惠普經驗，黃河明、何琦瑜合著，天下文化出版，2001年

菲奧莉娜逆勢出擊，彼得．鮑洛斯（Peter Burrows）著，李璞良譯，商周出版，2003年

比爾蓋茲教你透視微軟，大衛．班克著，盛逢時譯，時報文化出版，2002年

IBM成功之道：洞察世界最成功的行銷組織，柏克．羅傑斯著，敦煌出版，1986年

再造宏碁，施振榮著，林文玲採訪整理，天下文化出版，1996年

宏碁的世紀變革：淡出製造，成就品牌，施振榮著，張玉文採訪整理，天下文化出版，2004年

智慧資本：資訊時代的企業利基，湯瑪斯．史都華（Thomas. A. Stewart）著，宋偉航譯，智庫文化出版，1998年

智慧資本：如何衡量資訊時代無形資產的價值，萊夫．艾文森（Leif Edvinsson）、麥可．馬龍（Michael S. Malone）合著，林大容譯，城邦文化，1999年

知識創新之泉，李奧納德—巴登（Dorothy Leonard-Barton）著，王美

音譯，遠流出版，1998年
資訊新未來，邁可．德托羅斯著，羅耀宗譯，時報文化出版，1997年
領導大未來，彼得．聖吉等著，王秀華譯，洪健全基金會出版，1996年
跨界談領導，許士軍等編著，寶鼎出版，2005年
知識與國富論，大衛．瓦爾許（David Warsh）著，周曉琪譯，時報文化出版，2007年
我們的新世界，葛林斯班（Alan Greenspan）著，林茂昌譯，大塊文化出版，2007年
新經濟：數位世紀的新遊戲規則，唐．泰普史考特、亞力．羅威、大衛．堤可合著，樂為良、陳曉開、梁美雅合譯，麥格羅．希爾出版，1999年
行銷管理：亞洲實例，科特（Kotler）等著，謝文雀編譯，華泰文化，1998年
創新者的修練，克里斯汀生、安東尼、羅斯合著，李芳齡譯，天下雜誌出版，2005年
新世界藍圖：全球化為什麼有效，馬丁．沃夫著，李璞良譯，早安財經文化出版，2006年
企業強權：傑克．威爾許再造奇異之道，羅伯特．史雷特（Robert Slater）著，袁世珮譯，麥格羅．希爾出版，1999年
矽谷之星：23個高科技公司的成功故事，凱倫．邵斯威克（Karen Southwick）著，張志誠譯，商周出版，2000年
管理學新世紀，司徒達賢著，天下文化出版，2005年
不連續的時代，彼得．杜拉克著，陳琇玲、許晉福合譯，日月文化出版，2006年
看不見的新大陸：知識經濟的四大策略，大前研一著，王德玲、蔣雪芬合譯，天下雜誌出版，2001年
企業大轉型：資訊科技時代的競爭優勢，基恩（Peter G.W. Keen）著，徐炳勳譯，天下文化出版，1993年
變革，科特等著，周旭華譯，天下文化出版，2000年
The Organization of the Future, *Hesselbein, Goldsmith & Beckhard ed.,*

The Drucker Foundation, Jossey-Bass, 1997

Tomorrow's Organization: crafting winning capabilities in a dynamic world, *Susan Albers Mohrman, Jay R. Galbraith, Edward E. Lawler III and Associates, Jossey-Bass Inc., Publishers, 1998*

The Digital Economy: Promise and Peril in the Age of Networked Intelligence, *Don Tapscott, McGraw-Hill, 1996*

E-Marketing: Capitalizing on Technology, *Brad Alan Kleindl, South-western College Publishing, 2001*

Customer Intimacy: Pick Your Partners, Shape Your Culture, Win Together, *Fred Wiersema, Knowledge Exchange, 1996*

Seeing What's the Next, *Christensen, Anthony and Roth, HBR Press, 2004*

Scenarios in Business, Gill Ringland, John Wiley & Sons, 2002

Marketing Channels, *6th ed., Coughban, Anderson, Stern and El-Ansary, Prentice-Hall, 2001*

Net Worth: shaping markets when customers make the rules, *John Hagel III and Marc Singer, Harvard Business School Press, 1999.*

國家圖書館出版品預行編目資料

贏家智慧：從科技產業看新世紀管理典範/ 黃河明著.
-- 第一版. -- 臺北市：天下遠見, 2009.10
面； 公分. --（財經企管；CB418）

ISBN 978-986-216-417-4（平裝）

1. 科技管理 2. 科技業 3.組織管理

494.2 98017607

財經企管418

贏家智慧
從科技產業看新世紀管理典範

作　　者／黃河明
系列主編／林宜諄
責任編輯／林宜諄、胡純禎（特約）
封面設計／陳亭羽
美術設計／趙圓雍（特約）

出版者／天下遠見出版股份有限公司
創辦人／高希均、王力行
遠見・天下文化・事業群　董事長／高希均
事業群發行人／CEO／王力行
出版事業部總編輯／許耀雲
版權暨國際合作開發總監／張茂芸
法律顧問／理律法律事務所陳長文律師　著作權顧問／魏啟翔律師
地　址／台北市104松江路93巷1號2樓
讀者服務專線／(02) 2662-0012
傳　真／(02)2662-0007；(02)2662-0009
電子郵件信箱／cwpc@cwgv.com.tw
直接郵撥帳號／1326703-6號　天下遠見出版股份有限公司

電腦排版／極翔企業有限公司
製版廠／東豪印刷事業有限公司
印刷廠／祥峰印刷事業有限公司
裝訂廠／台興印刷裝訂股份有限公司
登記證／局版台業字第2517號
總經銷／大和圖書書報股份有限公司　電話／(02) 8990-2588
出版日期／2009年10月15日第一版
　　　　　2010年6月25日第一版第2次印行
定價／300元

ISBN：978-986-216-417-4
書號：CB418

BOOK zone 天下文化書坊　http://www.bookzone.com.tw

Believing in Reading

相信閱讀